21 世纪高职高专计算机案例型规划教材

Photoshop 数码修图

主　编　郭永刚
参　编　丛　艺

北京大学出版社
PEKING UNIVERSITY PRESS

内 容 简 介

本书主要讲解了数字图像处理基础、基本修图工具、图层蒙版与智能对象、抠图技巧、调色工具、Adobe Camera RAW、人像修图等内容。书中选取了大量典型的案例，给出了具体的设计方法和操作技巧，并配有完整的操作步骤视频，实用性和操作性较强。

本书可作为高职院校设计专业的教材，也可作为数码摄影、平面设计、照片处理等专业人员和普通爱好者的参考用书。

图书在版编目 (CIP) 数据

Photoshop 数码修图 / 郭永刚主编．—北京：北京大学出版社，2022.4
21 世纪高职高专计算机案例型规划教材
ISBN 978-7-301-32887-3

Ⅰ．①P… Ⅱ．①郭… Ⅲ．①图像处理软件—高等学校—教材 Ⅳ．① TP391.413

中国版本图书馆 CIP 数据核字 (2022) 第 032183 号

书　　　名	Photoshop 数码修图 Photoshop SHUMA XIUTU
著作责任者	郭永刚　主编
策划编辑	李彦红
责任编辑	李瑞芳　李彦红
数字编辑	金常伟
标准书号	ISBN 978-7-301-32887-3
出版发行	北京大学出版社
地　　　址	北京市海淀区成府路 205 号　100871
网　　　址	http://www.pup.cn　　新浪微博：@北京大学出版社
电子信箱	pup_6@163.com
电　　　话	邮购部 010-62752015　发行部 010-62750672　编辑部 010-62750667
印　刷　者	天津中印联印务有限公司
经　销　者	新华书店 787 毫米 ×1092 毫米　16 开本　11.5 印张　276 千字 2022 年 4 月第 1 版　2022 年 4 月第 1 次印刷
定　　　价	59.00 元

未经许可，不得以任何方式复制或抄袭本书之部分或全部内容。
版权所有，侵权必究
举报电话：010-62752024　电子信箱：fd@pup.pku.edu.cn
图书如有印装质量问题，请与出版部联系，电话：010-62756370

前　言

　　修图是 Photoshop 的一个重要应用领域，主要内容有风景调色、商品修图、人像修饰及各种图像的润饰等。Photoshop 是图像处理领域的标准软件，功能强大。本书旨在以最快的方式引领初学者入门。

　　本书以案例为主导，涉及了 Photoshop 中数码修图的大部分功能，所有工具的讲解都是从实际问题出发，先讲解决问题的思路和预备知识，再讲如何操作。所有案例和操作均按照循序渐进、由易到难的思路进行了优化和精简，力争每节解决一个实际问题，学以致用。

　　书中每个案例都有配套的教学视频，包含实操过程的完整演示，便于读者自主学习。读者也可以将教学视频作为主要学习资源，而将本书文字部分作为辅助参考。

　　本书编者为北京政法职业学院数字媒体系教师，有多年数字摄影、图像处理、艺术设计等课程的教学经验。本书的编写分工为：郭永刚编写第 1～6 章，丛艺编写第 7 章。

　　书中部分图片来自网络，仅作为教学范图讲解使用，不用于商业目的，因为无法明确原始出处，谨在此对相关作者表示感谢；向无私提供个人照片的孙雨馨、魏家驹、蔡笑、田越先、荆晶等同学，以及我的家人和朋友们表示感谢。

　　本书的编写尽可能参照了 Photoshop 的官方解释，但由于个人理解的差异，难免存在不妥和疏漏之处，恳请广大读者和同行批评指正。

编　者

2021 年 2 月

【资源索引】

目 录

第 1 章　数字图像处理基础 1
　1.1　Photoshop 的设置 2
　1.2　图像压缩 4
　1.3　图像裁剪 7
　1.4　照片的筛选 10
　1.5　照片批处理 13

第 2 章　基本修图工具 17
　2.1　画笔工具 18
　2.2　仿制图章工具 20
　2.3　修复画笔工具组 21

第 3 章　图层蒙版与智能对象 25
　3.1　图层 26
　3.2　图层蒙版 30
　3.3　图层自由变换 34
　3.4　剪贴蒙版 36
　3.5　图层混合模式 37
　3.6　智能对象 41

第 4 章　抠图技巧 47
　4.1　规则选区工具 48
　4.2　多边形套索工具 53
　4.3　魔棒工具 55
　4.4　色彩范围抠图 58
　4.5　快速蒙版抠图 61
　4.6　快速选择工具 63
　4.7　选择并遮住 65
　4.8　抠取半透明织物 72
　4.9　钢笔工具 76

第 5 章　调色工具 79
　5.1　三原色 80
　5.2　看懂直方图 81

目　录

5.3　色相饱和度 82
5.4　曲线调整 86
5.5　调整图层 88
5.6　区域调色技术 93
5.7　色彩空间转换 98
5.8　颜色设置 102

第 6 章　Adobe Camera RAW 107

6.1　JPG 格式照片调整 108
6.2　RAW 格式照片调整 113
6.3　白平衡校正 117
6.4　锐化图像 119
6.5　减少杂色 126
6.6　HSL 调整 128
6.7　彩色照片转换为黑白照片 131
6.8　分离色调 135
6.9　去除薄雾 139
6.10　裁剪后晕影 142
6.11　渐变滤镜与径向滤镜 145
6.12　变换 150
6.13　调整画笔 153

第 7 章　人像修图 157

7.1　去除眼袋 160
7.2　磨皮 161
7.3　面部塑形 163
7.4　证件照片拼版 164
7.5　更换背景颜色 167

附录：Photoshop 中常用的快捷键 171

参考文献 178

第 1 章　数字图像处理基础

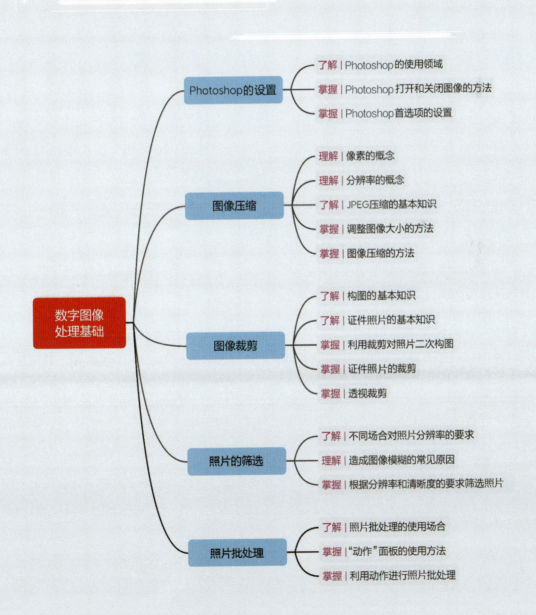

Photoshop（简称 PS）已经成为图像处理的标准软件，本章学习图像处理的基本术语和图像处理的基本技术。

1.1　Photoshop 的设置

【Photoshop 的设置】

任务描述

在实际处理图像之前，先要对处理工具 Photoshop 的基本操作有一个初步的认识。通过实际演练，熟悉 Photoshop 的操作界面；掌握 Photoshop 的常用设置和图像文件的打开、查看与关闭等。

相关知识

1. Photoshop 的发展

Adobe Photoshop 是由 Adobe 公司开发的图像处理软件。1990 年 2 月，Photoshop1.0.7 正式发行，第一个版本只需要一个 800KB 的软盘就能装下。2003 年，Adobe Photoshop 8 更名为 Adobe Photoshop CS。2013 年 7 月，Adobe 公司推出了新版本的 Photoshop CC，截至 2020 年 8 月，Adobe Photoshop CC 2020 为市场上最新的版本。

2. Photoshop 的功能

Photoshop 的专长在于处理以像素构成的数字图像，Photoshop 使用其众多的编辑与绘图工具，可以有效地对已有的图像进行创意处理或增加一些特殊效果。

（1）平面设计。

平面设计是 Photoshop 应用最为广泛的领域，无论是图书封面，还是招贴、海报，这些平面印刷品通常都需要 Photoshop 对图像进行处理。

（2）广告摄影。

广告摄影作为一种对视觉要求非常严格的工作，其最终成品往往要经过 Photoshop 的润色修饰才能得到满意的效果。

（3）影像创意。

影像创意是 Photoshop 的特长，通过 Photoshop 的处理，可以将不同的对象组合在一起，为设计师提供广阔的设计空间，因此越来越多的设计爱好者开始学习 Photoshop，并进行具有个人特色与风格的视觉创意。

（4）网页制作。

网络的普及催生了大量的网站，在制作网页时，Photoshop 是必不可少的网页图像处理软件。

（5）界面设计。

界面设计是一个新兴的领域，网页界面、游戏界面、手机 App 界面都属于该领域，受到越来越多开发者的重视。当前还没有专门用于界面设计的软件，因此绝大多数设计师都使用 Photoshop 来做界面设计。

任务实施

掌握 Photoshop 中的基本操作，会打开与查看图像，并对 Photoshop 的首选项进行常规设置。

1. 打开与关闭图像文件

（1）启动 Photoshop，它的工作界面主要由工具箱、菜单栏、图像编辑窗口、工具选项栏、面板等部分组成，如图 1-1 所示。

图 1-1　Photoshop 操作界面

（2）打开图像文件。方法一：执行【文件｜打开】菜单命令，或按快捷键 Ctrl+O，找到图像文件，打开；方法二：直接将图像文件拖拽到操作界面上。

（3）关闭图像。方法一：执行【文件｜关闭】菜单命令，或按快捷键 Ctrl+W；方法二：直接单击图像编辑窗口左上角的关闭按钮。如果图像进行了编辑，关闭时会提示保存文件。

2. 查看图像

（1）查看图像时经常使用缩放操作。方法一：可以使用工具箱中的放大镜，按住 Alt 键，放大变缩小；方法二：按住 Alt 键，拨动鼠标滚轮实现缩放，这样更方便；方法三：按快捷键 Ctrl++ 放大，按 Ctrl+- 缩小。缩放时的中心点是鼠标指针所在的位置。

（2）当画面放大超出预览区之后，如果要查看预览区之外的内容，方法一：使用工具箱中的小手工具；方法二：按住或松开空格键，随时在小手工具与当前工具之间进行切换，这种方法更加实用。

（3）缩放到屏幕大小的快捷键是 Ctrl+0；按照"100%"比例显示的快捷键是 Ctrl+1，也可以使用【视图】菜单中相应的命令。

当实现某一功能时，往往既可以使用菜单，也可以通过快捷键或者鼠标与键盘的配合来实现。熟记快捷键，可以大大加快操作速度。

3. 首选项的设置

Photoshop 在操作之前，需要对计算机的工作环境进行适当的设置，这就是首选项。执行【编辑｜首选项】菜单命令，可以对相应参数进行设置。

（1）在"界面"面板中，可以设置"颜色方案"。通常，在较暗的环境中工作，选择深色背景；在明亮的环境中工作，选择浅色背景；也可以根据个人偏好进行设置。

（2）在"性能"面板中，可以设置"历史记录状态"参数值（图1-2），该设置决定了操作最多可以返回多少步，数值越大，可以返回的操作越多，同时占用的磁盘空间也越大。

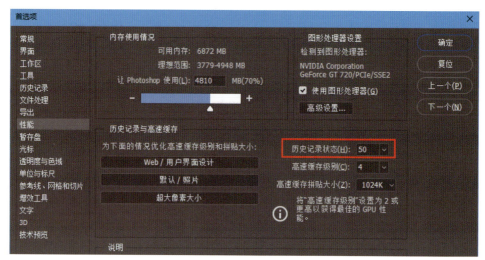

图1-2　Photosho首选项设置

（3）在"暂存盘"面板中，可以设置 Photoshop 图像处理过程中暂存文档的存储位置，默认是 C 盘。通常 C 盘是系统盘，暂存文档放到 C 盘，会影响系统性能，建议选择剩余空间最大的非系统盘。它的大小应是打算处理的图像大小的 3～5 倍。例如，如果对一个 100MB 大小的图像进行处理，需要有 300～500MB 可用的硬盘空间大小。

1.2　图像压缩

【图像压缩】

任务描述

现在是一个读图的时代，经常听人说，这张照片像素不够，或者分辨率太低，打印出来会模糊；有时候又说这个照片文件太大，太占存储空间，网上传输速度太慢。那么图像分辨率到底是什么，文件能不能压缩，会不会影响清晰度？

本节学习如何实现图像的压缩，这里说的图像压缩有两层含义：一是改变照片的宽、高尺寸；二是通过 JPEG 编码来压缩照片文件的大小。

相关知识

1. 像素

像素（Pixel）是组成图像的基本单元（Picture Element），可以把每个像素都看作一个最小的颜色方块。一张照片通常由许许多多的像素组成，它们全部以行与列的方式分布，如图1-3所示。同样一个场景拍摄的两张照片，包含的像素越多的那张照片，它所存储的信息就越多，细节描绘就越丰富，照片也就越清晰，文件也就越大。

图1-3 像素

2. 分辨率

分辨率是一个表示图像精细程度的概念，不同的使用场合，分辨率有不同的含义。

（1）数码相机（图像）的分辨率。

数码相机的分辨率指的是感光设备的有效像素值，通常它是以横向和纵向点的数量来衡量的，表示成水平点数×垂直点数的形式。例如，佳能5D4相机的分辨率为6720像素×4480像素，总像素数约3010万。

图像分辨率与数码相机分辨率概念类似，也是指宽和高的像素数。图像的分辨率与文件大小密切相关。一般来说，分辨率越大，图像越精细，照片文件就越大。对于不同的使用场合，需要的图像精细程度不同，应根据使用场合的不同，修改照片分辨率。

（2）显示分辨率。

显示分辨率是显示器在显示图像时的分辨率，指整个显示器所有可视面积上水平像素和垂直像素的数量。例如，1920像素×1080像素的分辨率，是指在整个屏幕上水平显示1920个像素，垂直显示1080个像素。每个显示器都有自己的最高分辨率，并且可以兼容其他较低的显示分辨率。在相同大小的屏幕上，分辨率越高，显示的对象就越小。当两个显示器同时显示一张像素数相同的照片时，尺寸越小的显示器，由于单位尺寸显示的像素多，看上去显得更精细。

（3）打印分辨率。

打印分辨率直接关系到打印机输出图像或文字的质量好坏。打印分辨率用dpi（dot per inch）来表示，指每英寸打印多少个点，分辨率越高，打印的图像越精细。例如，打印分辨率为300dpi，指打印机在一平方英寸的区域内垂直打印300个点，水平打印300个点，每平方英寸总共可打印90000个点。

一般数码照片的打印精度达到300dpi就可以了，可以通过简单的计算来估计数码照片选择多大尺寸来打印才能取得较好的效果。例如，数码照片的分辨率为3672像素×2754像素，按照300dpi输出，则输出的幅面规格为12.24英寸×9.18英寸≈31厘米×23厘米，比A4纸略大。若输出小于此规格的幅面就更不在话下了。反过来，也可以根据需要输出的幅面大小，推算出数码摄影时选取多大的分辨率，避免因盲目采用太高的分辨率而占用过多的存储空间。

3. 图像 JPEG 压缩

JPEG 是 Joint Photographic Experts Group（联合图像专家小组）的缩写，是国际图像压缩标准。JPEG 是一种有损压缩格式，能够将图像压缩在很小的储存空间，提高图像传输的效率，80% 以上的图像都采用了 JPEG 压缩标准。JPEG 是一种很灵活的格式，具有调节图像质量的功能，允许用不同的压缩比例对文件进行压缩，并支持多种压缩级别。但是，压缩比越大，文件越小，品质越低。如果追求高品质图像，则不宜采用过高压缩比例。

▶ 任务实施

在图 1-4（a）中，照片的原始图像分辨率 3872 像素 ×2592 像素约为 1000 万像素，文件大小为 3.6MB。图中显示的"图像大小：28.7M"，是指图像未经压缩时的数据量。因为每个彩色像素都有 RGB 三个色彩分量，每个色彩分量占用 1 个存储字节，1MB=1024×1024B，所以该图像未经压缩时所占用的内存大小为：3872×2592×3/(1024×1024)≈28.7（MB）。

该照片要在网页上传播，不需要这么高分辨率，但是对照片的下载速度要求较高。为了便于在网络传播，要求将照片尺寸修改为宽 600 像素，高按等比例缩放。

（1）打开图像。

（2）执行【图像|图像大小】菜单命令，弹出"图像大小"对话框。

（3）选中"重新采样"复选项，单击"宽度"右侧的下拉列表，选择"像素"，在"宽度"栏中输入 600，此时由于设置了等比例约束，高度会自动根据比例进行缩放，如图 1-4（b）所示。单击"确定"按钮，Photoshop 会改变图像尺寸，并重新计算每个像素的颜色值。

(a)

(b)

图 1-4 修改照片的尺寸

(4)执行【文件|另存为】菜单命令，选择保存的位置，单击"保存"按钮，弹出"JPEG 选项"对话框，其中的"品质"选项参数值越高，文件越大；参数值越低，文件越小。综合平衡文件大小和图像品质，设置"品质"的参数值为 8，此时文件大小为 78.4KB，如图 1-5 所示。单击"确定"按钮，图像的压缩完成。

1.3 图像裁剪

图 1-5 "JPEG 选项"对话框

【图像裁剪】

任务描述

当你想用的照片构图和画面不理想时，可以利用 Photoshop 对照片做一定程度的裁剪来实现自己的想法。本节学习图像裁剪的技巧，构图裁剪、证件照片裁剪、透视裁剪等。

相关知识

图 1-6 三分法构图

1. 三分法构图

绘画时，可根据题材和主题思想的要求，把要表现的形象适当地组织起来，构成一个协调而完整的画面，这个过程称为构图。三分法构图是最常用的一种，也称井字构图法，即把画面分成三等分，这样可以得到 4 个交叉点，然后再将需要表现的重点安排在 4 个交叉点中的一个点上，如图 1-6 所示。三分法对横画幅和竖画幅都适用。按照三分法安排主体和陪体，画面就会显得紧凑有力。

2. 证件照片

一般证件照片的要求是免冠（不戴帽子）正面照片，照片上应该看到人的两耳轮廓和相当于男士的喉结处的地方；拍照片时要穿有领子的衣服、不能化妆、不能戴任何头饰。

不同用途的证件照片（如驾驶证、身份证、护照、不同国家的签证），对于尺寸的要求标准也不一样，需要针对不同要求进行裁剪。

任务实施

针对不同需求，Photoshop 有相应的工具裁剪照片。

1. 构图裁剪

对于构图不佳的照片，裁剪功能为其提供了弥补遗憾的机会。比如要把一张竖向构图的照片改成横向构图，约束比例为 16∶9，如图 1-7 所示。

(1) 在工具箱中单击裁剪工具。裁剪工具为一组工具，选中上方的第一个工具。

图1-7 构图裁剪

（2）在选项栏中，选择"16∶9"，或者选择"比例"，自己输入比例值。

（3）在编辑窗口中拖动裁剪框控点，按照需要重新构图，画面自动出现井字格，可以按照三分法构图，把画面主体放在井字格的交叉点处（单击裁剪工具选项栏的"设置裁剪工具的叠加选项"按钮，还有其他构图选项）。

（4）按 Enter 键，或者双击裁剪框内部区域，确认裁剪。

2. 证件照片裁剪

将照片裁剪为毕业证照片的尺寸，要求宽为33毫米，高为48毫米，分辨率为300像素/英寸，如图1-8所示。

图1-8 证件照片裁剪

（1）在工具箱中选中裁剪工具。

（2）在选项栏中，选择"宽 × 高 × 分辨率"，输入相应参数值，注意要在参数值后面输入中文单位。

（3）调整裁剪框控点，保持人像对称，人的头部占画面一半左右。

（4）按 Enter 键，或者双击裁剪框内部区域，确认裁剪。

3. 旋转裁剪

有些拍摄不正的照片，可以通过旋转裁剪予以校正。

（1）选中工具箱中的裁剪工具。

（2）在选项栏中选择"比例"，如果已有比例数值，单击"清除"按钮。选中拉直工具，沿着应该水平或者竖直的物体拉出一条直线，这里沿着海平面拉出一条直线，如图1-9所示。

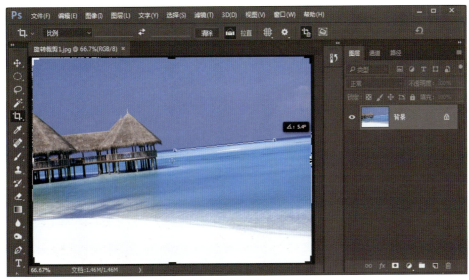

图1-9　旋转裁剪的设置

（3）画面自动旋转校正，并自动按照能裁剪出的不穿帮图像设置裁剪框，按 Enter 键，确认裁剪。

4. 透视裁剪

由于照相机与拍摄对象之间无法保持垂直正对的关系，所以拍摄出来的对象会有透视变形，通过透视裁剪功能，可予以校正。

（1）在工具箱中单击并按住裁剪工具不松手，在弹出的菜单中选择"透视裁剪"。

（2）在画面中，沿着画面中的透视线条依次单击，形成4个控点，标示出了画面中透视变形的程度，如图1-10所示。

（3）按 Enter 键，确认裁剪，完成自动校正透视及裁剪。

图 1-10　透视裁剪

1.4　照片的筛选

【照片的筛选】

任务描述

任务描述：在做设计时，经常需要收集和筛选照片，除了主题内容需要符合设计要求，数字照片最基本的分辨率和清晰度也应符合要求。本节学习如何根据分辨率和照片清晰度筛选照片。

相关知识

1. 分辨率要求

如果照片用于网页等显示设备端展示，则高和宽的像素应不小于展示所需的要求。

如果用于印刷，则要看文档大小，打开照片之后，在"图像大小"对话框中，不要勾选"重新采样"复选项，当输入不同分辨率时，可以查看当前照片在不同分辨率下可以打印输出的尺寸大小，这时照片本身的像素并不发生变化。如图 1-11 所示，照片尺寸为 5616 像素 ×3744 像素，当分辨率设置为常用的印刷精度 300 像素 / 英寸时，能够打印的尺寸是 47.55 厘米 ×31.7 厘米，比 A3 纸略大。

如果勾选"重新采样"复选项，Photoshop 会根据指定的分辨率和尺寸，增加或减少当前照片的像素数量。重新采样后，每个像素的 RGB 值都会重新计算，根据选用的算法会略有不同。一般来说，增加像素数，并不能增加照片本身的有效信息，反而会使图像变得模糊。所以选用照片时要尽可能比要求的照片像素数大。

图 1-11 查看不同分辨率下照片的打印尺寸

2. 清晰度要求

造成图像模糊的原因有很多，主要有以下几种。

（1）对焦不准。

拍照时焦点没有在被拍摄主体上，造成对焦不准或脱焦，导致图像不清晰，如图 1-12 所示。

有时，刻意追求的小景深拍摄效果，主体清晰，前景和背景模糊，这种模糊是有意为之，不是对焦不准造成的，如图 1-13 所示。

图 1-12 对焦不准造成的图像模糊

图 1-13 小景深拍摄效果

（2）运动模糊。

拍照时，手和相机抖动或主体运动会造成图像模糊，运动模糊具有方向性。这里也要分清是刻意追求的运动模糊，如图 1-14（a）所示；还是由于手和相机抖动造成的模糊，如图 1-14（b）所示。如果要避免手抖造成的模糊，在拍照时就要使用三脚架或者将快门速度提高到安全快门速度以上。

（3）过度压缩造成的图像模糊。

照片保存为 JPEG 格式时，可以通过调整输出的品质，缩小照片文档大小，但是如果品质参数值设得过低，就会在画面中看到较明显的马赛克，特别是在颜色过渡比较细腻的位置，如图 1-15 所示。所以在做设计时，要尽可能拿到最高品质的照片。

(a) (b)

图 1-14 运动模糊与手和相机抖动造成的图像模糊

(a) (b)

图 1-15 JPEG 压缩造成的图像模糊

任务实施

如果要用一张照片制作一个杂志封面，幅面为 A4，按照 300 像素 / 英寸的分辨率制作，那么这张照片的高宽像素数最少应该是多少？

在 Photoshop 中，执行【新建 | 文档】菜单命令，弹出"新建文档"对话框，在左侧窗格中选中 A4 文档，在右侧设置分辨率，单位为像素，可以看到此时的宽度为 2480 像素，高度为 3508 像素，如图 1-16 所示。那么一般来说 1000 万像素的相机拍摄的照片基本能够满足分辨率要求，不过还要注意照相机拍摄的照片是横向构图还是竖向构图，以及画面的长宽比（一般照相机拍摄照片的长宽比为 3∶2，按照设计要求进行裁剪之后会损失一部分像素）。

图 1-16　A4 幅面印刷文档的像素要求

1.5　照片批处理

【照片批处理】

任务描述

现在有一批尺寸不一样的照片，我们需要将每张照片中的头部都裁剪出来，并统一大小为 200 像素 ×200 像素，然后保存，如图 1-17 所示。

图 1-17　批量裁剪照片

相关知识

在进行照片处理时，经常会遇到这样一类任务，要对大量照片做类似的重复操作，如给照片加水印，将照片统一尺寸等，如果一张一张地处理，效率很低，这时我们就可以借助 Photoshop 的批处理功能。

要使用 Photoshop 的批处理功能，一般分两个步骤：第一步需要定义动作，也就是需要重复执行的操作序列是什么；第二步，对指定的文件夹执行操作，也就是对文件夹的所有照片执行相同的操作序列。执行操作时，可以不进行干预，所有照片执行完全一样的操作；也可以在指定的操作节点暂停，设计师针对照片调整参数，然后继续执行批处理。

▶ **任务实施**

本例先对一张照片进行处理来定义动作，然后调用批处理功能来处理全部照片。

（1）准备两个文件夹，一个用来存放要处理的照片，命名为"原照片"；另一个是空文件夹，用来存放处理好的照片，命名为"处理后"。

（2）在 Photoshop 中打开"原照片"文件夹里的任意一张照片。

（3）执行【窗口|动作】菜单命令，调出"动作"面板。

（4）单击"动作"面板下方的"创建新组"按钮，命名为"自定义动作"。

（5）单击"动作"面板下方的"新建动作"按钮，新建一个动作，命名为"裁剪面部"，如图 1-18 所示；单击"记录"按钮后，"动作"面板下方的"录制"按钮变为红色，并自动开始录制操作序列。

图 1-18　新建裁剪面部动作

（6）在工具箱中选中裁剪工具，在选项栏中，进行如图 1-19 所示的设置，并拖拽裁剪框，框住人物面部，在照片上进行裁剪。

图 1-19　设置裁剪参数

（7）执行【文件 | 存储为】菜单命令，或者用快捷键 Ctrl+Shift+S，将裁剪后的照片另存到"处理后"文件夹中，文件名不变，设置 JPEG 压缩文件的图像品质为 8。

（8）单击"动作"面板左下方的"停止录制"按钮，动作录制结束。

（9）关闭照片。

（10）"裁剪面部"动作包含两个操作步骤，每个操作步骤前都有两个选项，选择第一个选项，表示此步骤必须执行；选择第二个选项，会出现一个对话框，选中后在此步骤将会出现暂停，等待你的操作，因为每张照片你想裁剪的部分都不一样，就必须设置一个断点，所以这一步要手动来选择，而不能让计算机来选择，因此一定要勾选"剪裁"前面的复选项，如图 1-20 所示。

图 1-20　设置动作的断点

（11）现在可以开始批量处理了。执行【文件 | 自动 | 批处理】菜单命令，在批处理窗口中，选中刚刚录制的"裁剪面部"动作，在"源"下拉列表中选择要处理的照片所在的文件夹，在"目标"下拉列表中选择"存储并关闭"，因为录制动作时，已经设置了存储目标的文件夹，所以这里就不用再选择文件夹了。单击"确定"按钮，开始处理全部照片，如图 1-21 所示。

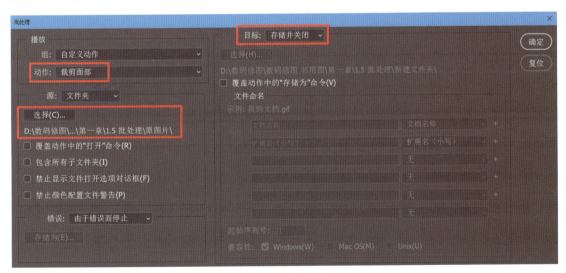

图 1-21　调用批处理

（12）Photoshop 开始自动打开"原照片"文件夹里的每张照片，在每张照片上拖出你想要的选框，可以随便拖动它的位置，也可以调整它的大小，确认裁剪后，Photoshop 会自动执行"存储为"命令。然后，Photoshop 会自动打开下一张照片，再次开始处理。当不希望继续执行时，可以按 Esc 键，中断当前的批处理。

（13）裁剪完所有照片后，打开"处理后"文件夹，就会看到处理后的所有照片。

（14）录制的动作除非删除，否则会一直在 Photoshop 里，因此可以反复调用。动作不仅可以用来做批处理，也可以用来处理当前打开的照片。在"动作"面板中，选中录制好的动作，单击下方的"播放"按钮，即可以对当前照片执行动作。

第 2 章 基本修图工具

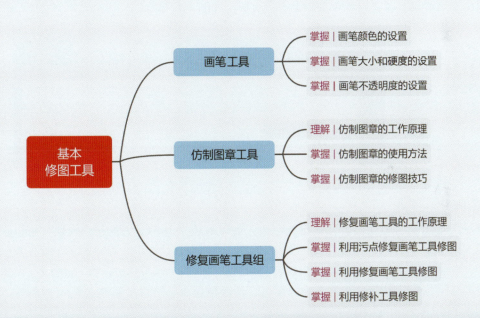

图 2-1 新建空白文档

对于初学者来说，最易学和直观见效的就是工具栏中的画笔工具、图章工具、污点修复工具，但是如果要深入学习修图，就必须对这些常用修图工具中的每一个选项都进行深入学习。

2.1 画笔工具

使用 Photoshop 时，都会用到画笔工具，而工具栏中的图章工具、橡皮擦工具、修复画笔工具与画笔工具的使用方法和技巧都有相似之处，因此熟练使用画笔工具，在学习其他类似工具时可以事半功倍。

执行【文件｜新建】菜单命令，新建一个 800 像素 ×800像素白色背景的空白文档，用来做测试，如图 2-1 所示。

在工具箱中找到画笔工具，快捷键是 B，在默认情况下，画笔为黑色，这时就可以在白色背景图上进行绘制，如图 2-2 所示。

【画笔工具】

图 2-2 画笔工具

1. 设置画笔的颜色

默认画笔前景色为黑色，背景色为白色，通过双击工具箱下方的相应色块，可以在拾色器中设置前景色、背景色。默认采用 HSB 颜色模型，用鼠标拖动中间竖条上的三角，选择色相，在左侧大方块中，沿水平方向选择饱和度，沿竖直方向选择明度，如图 2-3 所示。按快捷键 D，可以恢复默认的背景色和前景色；按快捷键 X，可以交换背景色与前景色。

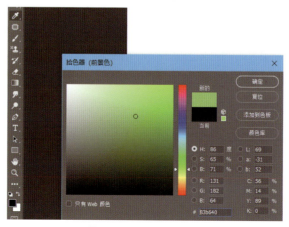

图 2-3 设置画笔的颜色

用橡皮擦工具在画面中绘制时，将使用背景色。所以当使用画笔绘制时，如果交换前景色与背景色后，则画笔相当于橡皮擦。

2. 设置画笔的大小和硬度

如果觉得画笔太大、太粗了，可以在选项栏调整画笔的大小和硬度。画笔的硬度越高边缘越锐利，硬度越低边缘羽化效果越好。调整画笔大小的快捷键是英文输入法下的 [、] 键，调节画笔硬度的快捷键是 Shift+[、Shift+]，如图 2-4 所示。

3. 设置画笔的不透明度

在 Photoshop 中，画笔的浓淡用不透明度来控制，当"不透明度"为 0% 时，画笔是透明的，没有任何颜色；当"不透明度"为 100% 时，完全显示颜色。设置"不透明度"为 10%，在画面中涂抹，如果涂抹在同一位置，颜色可以叠加，重叠的次数越多，颜色越重，如图 2-5 所示。需

图 2-4　设置画笔的大小和硬度

要注意每次涂抹后要抬起画笔然后再次涂抹，如果不抬画笔连续涂抹，则颜色不会变重。设置不透明度的快捷键为直接按数字键，如按数字 2 为设置"不透明度"为 20%，按数字 25 为设置"不透明度"为 25%，按数字 05 为设置"不透明度"为 5%。

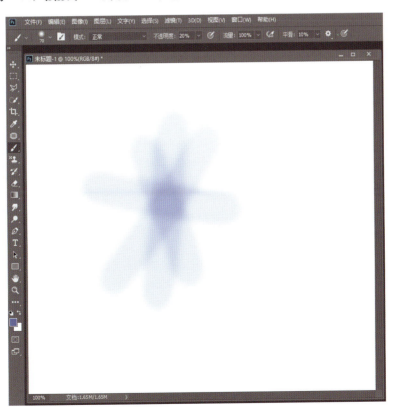

图 2-5　设置画笔的不透明度

2.2 仿制图章工具

【仿制图章工具】

任务描述

外出旅游时，旅游景点的人很多，拍回来的大量照片中，很难找到一张背景中没有陌生人或者杂物的，这就需要使用仿制图章工具来修饰背景。本例，要求修掉图 2-6（a）画面中间头向左的小牛，效果如图 2-6（b）所示。

（a）　　　　　　　　　　　　　　　　　　（b）

图 2-6　使用仿制图章工具修饰照片

相关知识

1. 仿制图章工具的功能

　　仿制图章工具属于复制工具，常用于将图像的一部分复制到同一图像的另一部分；或者在同一图像不同图层之间复制图像；或者将图像的一部分复制到另一个打开的文档中。

2. 仿制图章工具的使用方法

　　仿制图章工具的工作原理类似于生物技术克隆，在要复制的图像上取一个点，就可以从这一点开始复制整个图像。

　　（1）选中工具箱上的仿制图章工具，按住 Alt 键，单击鼠标左键定义要复制图像的起点，然后松开 Alt 键。

　　（2）在图像的任意位置拖动鼠标，即可将刚才定义的图像复制到该处，画面中会出现一个十字光标，用来指示所复制的原图像的位置。

3. 使用仿制图章工具的注意事项

　　使用仿制图章工具时，单击鼠标右键，可以设置画笔的大小和硬度。画笔的硬度决定了所复制的图像边缘的柔和程度，通常画笔设置硬度低一些，绘制时可以与原始图像更好地融合。

任务实施

　　因为小牛的背景是菜地，而且菜地的特征不明显，所以可以从其他位置复制绿植图像来覆盖电线杆位置，从而达到移除的效果。为了达到无损修图，所有操作都应在新图层中进行。

(1) 新建空白图层，选中仿制图章工具，在选项栏中设置样本为"当前和下方图层"，这样可以在下方图层取样。

(2) 在小牛旁边的草地取样，按住 Alt 键，单击鼠标左键定义复制的起点，注意在复制原点和目标点之间要保持一定的距离，以保证有足够可用的像素；同时还要保证原点与目标点之间像素比较接近，否则修饰的痕迹会很重。

(3) 调整合适的画笔大小，同时将画笔硬度调为%（边缘容易与周围的环境融合），在小牛身上涂抹（实际是在新建的空白图层上）。

(4) 在修饰过程中，不断重新定义新的复制图像的原点，以免复制的图像与原始图像高度相似，造成穿帮；同时每次画笔绘制的距离不宜过长，否则也会造成穿帮。不断重复，直至修饰完成，如图 2-7 所示。

(5) 执行【文件 | 保存】菜单命令，保存文件。如果将来需要继续编辑，可以保存为 PSD 格式；如果不再编辑而是要在网络上分享，则保存为 JPG 格式。

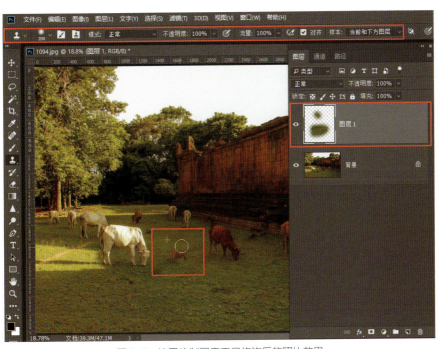

图 2-7　使用仿制图章工具修饰后的照片效果

2.3　修复画笔工具组

【修复画笔工具组】

 任务描述

修复画笔工具组是 Photoshop 中处理照片常用的工具之一。利用修复画笔工具组可以快速移除图 2-8（a）所示照片中的污点和其他不理想的部分。本任务要求去掉照片中的几个儿童及杂物，如图 2-8（b）所示。

(a)　　　　　　　　　　　　　　　　(b)

图 2-8　使用修复画笔工具组修图

相关知识

图 2-9　污点修复工具组

工具箱中有一组工具，包括污点修复画笔工具、修复画笔工具、修补工具、内容感知移动工具和红眼工具，如图 2-9 所示。

使用污点修复画笔工具时，不需要定义原点，只需要在确定需要修复的图像位置调整好画笔大小，涂抹过的位置，就会自动匹配填充，非常智能。在背景中没有可分辨细节的时候，修复效果会更佳。所以在实际应用时比较实用，操作也很简单。

修复画笔工具和修补工具可利用自定义样本点，修复时会将取样像素的纹理和颜色与所修复的像素相匹配，从而达到自然的修复效果。

红眼工具可修除闪光灯造成的红色反光，只需要用工具在红眼位置单击即可。

任务实施

1. 污点修复画笔工具

为了方便叙述，我们将照片中的儿童进行编号，如图 2-10 所示。选中污点修复画笔工具，在画面中 5 号儿童处和下方杂物处涂抹，涂抹过的位置会自动填充像素，从而达到修复的目的。

因为修复是智能填充的，Photoshop 在背景中选取像素，经过重新计算编织出新的像素，填充在需要修复的区域。当背景中没有可分辨细节的地方时，修复效果一般较好；当背景中有可分辨细节的地方时，有可能修复效果不好，不如图章工具的可控性强。

2. 修复画笔工具

修复 1 号儿童位置时，由于 1 号儿童与 2 号儿童距离比较近，如果让 Photoshop 自动采样，有可能会发生采样错误，这时可以使用修复画笔工具手动指定采样位置，使用方法与图章工具类似。

（1）为了无损修复，新建空白图层。

（2）按住 Alt 键在旁边区域取样，设置工具选项如图 2-11 所示。

（3）在 1 号儿童身上涂抹，即可修复。

图 2-10 将照片中的儿童进行编号

图 2-11 修复画笔工具的使用

3. 修补工具

修补工具可以指定用来修复的源区域。对于 3 号儿童，先使用修补工具圈选要修复的区域，然后拖拽该区域，用新区域的像素来修复该区域，如图 2-12 所示。

图 2-12 修补工具的使用

通过前面的案例可以看出，使用不同的工具可以得到类似的效果。读者在明白每个工具工作原理的前提下，可针对不同情况选择使用。

第 3 章　图层蒙版与智能对象

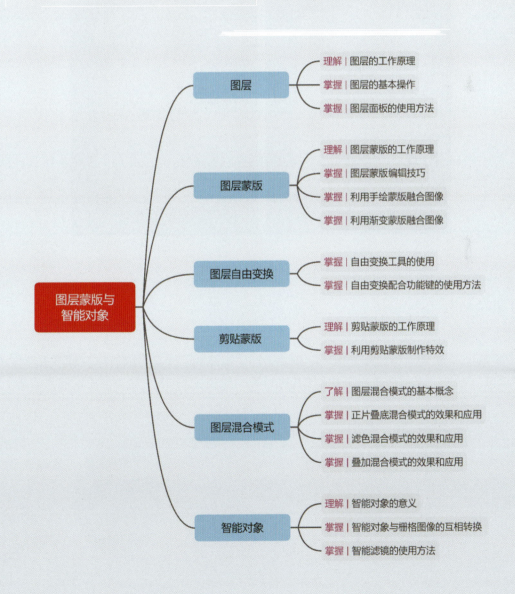

蒙版是 Photoshop 最具特色和最强大的功能，很多图像修饰和创意设计都是通过图层配合蒙版完成的。智能对象则可以保留图像所有原始特性，从而实现对图层的非破坏性编辑。

3.1 图层

【图层】

任务描述

在图 3-1（a）所示的标牌中，"北京政法职业学院"误写成"北京政法职业技术学院"，需要在图中将"技术"两个字去掉，效果如图 3-1（b）所示。

（a）　　　　　　　　　　　　（b）

图 3-1　利用图层修复标牌

相关知识

1. 图层的概念

在 Photoshop 中，图像都是由一个或多个图层组成的。图层可以看作一种没有厚度的、透明的电子画布，图层功能允许多张照片进行叠加放置并保存在一个文件中。图层的基本原理如图 3-2 所示。

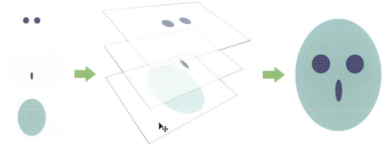

图 3-2　图层的基本原理

通过对照片分层放置，能够有效地把多张照片混合在一起，文本、照片可以在各自的图层上被添加、删除、移动和编辑而不会影响其他图层，甚至可以为图层设置样式。图层的操作都通过"图层"面板进行。

2. 图层的基本操作

（1）显示 / 隐藏图层。

当"图层"面板左端显示眼睛图标时，表示该图层可见。单击眼睛图标，可以隐藏该图层。

（2）创建新图层。

单击"图层"面板底端的"创建新图层"按钮，将创建一个新的空白图层，新创建的图层总是位于当前图层之上，并自动成为当前图层（当前正在编辑的图层），在图层名称处双击可更改图层的名称。

（3）移动图层。

图像最终呈现的效果与图层的叠放顺序密切相关，相同的图层叠放顺序不同，显示的效果也不同。可以通过调整"图层"面板中图层的位置，来改变编辑窗口中图层的叠放顺序。在"图层"面板中，按住鼠标左键拖动图层到合适位置松手即可。

（4）选中当前图层。

有了图层的概念后，每个操作都是针对特定图层的操作，所以，操作前先要选中图层。方法一：在"图层"面板中，单击相应的图层；方法二：单击工具箱中的移动工具，在选项栏中勾选"自动选择"复选项，在画面中单击，就会自动选中鼠标下方画面对应的图层，如图 3-3 所示。

图 3-3 Photoshop 中的图层

（5）复制图层。

复制图层的方法很多，方法一：直接拖动要复制的图层到"创建新图层"按钮上；方法二：按快捷键 Ctrl+J 即可复制当前图层。如果要在不同图像之间复制图层，可以使用移动工具直接拖动该图层到另一图像中。

（6）删除图层。

不需要的图层可以删除，方法一：选择需要删除的图层，单击"图层"面板中的"删除图层"按钮；方法二：用鼠标将图层拖放到"删除"按钮上；方法三：按 Delete 键。

（7）合并图层。

合并图层可以减少文件所占用的磁盘空间，提高处理速度，但合并后的图层不可以再拆开。在图层上单击鼠标右键，打开图层控制菜单。如果选择"向下合并"，即将当前图层与下一图层（必须是显示状态）合并；如果选择"合并可见图层"，即合并图像中所有可见的图层，隐藏图层保持不变；如果选择"拼合图像"，即合并图像中所有的图层，并将结果存储在背景图层中。

3. Photoshop 文件格式

Photoshop 支持的格式非常多，应该根据应用场合选择合适的格式。Photoshop 处理图像时往往是分层的，如果以后还需要进一步在 Photoshop 中编辑该图像，应该保存为 PSD 格式；为了便于在网络上发布，或应用在其他软件中，可以保存为 JPG 格式，该格式不支持多图层，会自动将图层合并；如果需要保存为透明背景图像，可以保存为 PNG 格式，这是一种通用的单图层格式，但是与 JPG 格式相比，会保留透明背景。

▶ **任务实施**

（1）使用矩形选框工具框选"北京政法职业"，按快捷键 Crtl+J，选区内容创建新图层。

（2）选中背景图层，使用矩形选框工具框选"学院"，按快捷键 Crtl+J，选区内容创建新图层。

（3）选中背景图层，使用矩形选框工具框选"北京政法职业技术学院"（便于确定需要遮挡的区域大小），并将选区向下拖动，如图 3-4 中的虚线框，选中一块背景，按快捷键 Ctrl+J，选区内容创建新图层。

图 3-4　选中用来做遮挡的背景

（4）选中"图层 3"，使用移动工具拖动复制的背景遮挡原图中的文字。

（5）选中"图层 2"，按住 Shift 键，使用移动工具拖动"学院"两个字适当向中间移动。按住 Shift 键是为了拖动时保持水平，不会发生上下错位。

(6)选中"图层1",按住Shift键,使用移动工具拖动"北京政法职业"两个字适当向中间移动。

(7)使用左右箭头对"图层1"和"图层2"微调,让"北京政法职业学院"文字在标牌中居中,如图3-5所示。

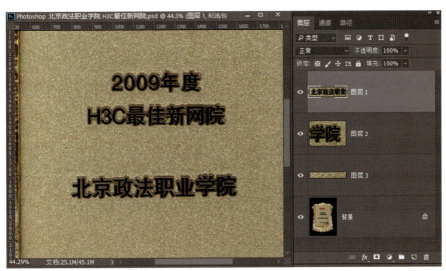

图3-5 文字在标牌中居中

拓展

建立选区是在Photoshop中进行图像处理的重要步骤,下面简单介绍建立选区的基本技巧。

1. 利用工具栏改变选区

利用选择工具进行选择时,在一般情况下,第一次选择的范围不一定符合要求,这时需要利用选择工具栏的选取范围运算功能进行第二次甚至更多次的选取。

▲新选区:建立一个新的选区。

▲添加到选区:在选择选区前,单击该按钮或按住Shift键,在已经建立的选区中加上新添加的选区。

▲从选区减去:在选择选区前,单击该按钮或按住Alt键,在已经建立的选区中减去新建立的选区。

▲选区交叉:从原有的选区中,减去与后来建立的选择范围不重叠的选择区域。

2. 结合【选择】菜单中的命令来改变选择范围

▲全部:选择当前层中的所有图像。

▲取消选择:取消所选择的范围。

▲重新选择:再现刚才使用过的选择范围。

▲反选:取消原来的选择范围,并使原本没被选择的部分变成选择的范围。

▲羽化:使选定范围的图像边缘达到半透明过渡的效果,羽化值越大,从透明到不透明的过渡越宽。

3. "图层"面板选项

有时候图层的缩览图太小看不清楚,可以单击"图层"面板右上角的按钮,在弹出的菜单中选择"面板选项",在弹出的对话框中设置缩览图大小,同时还可以将缩览图内容设置为"图层边界",如图 3-6 所示,这时候缩览图自动收缩到该层图像的边缘,这样便于观察图像较小图层中的内容。

图 3-6 "图层"面板选项

3.2 图层蒙版

【图层蒙版】

任务描述

图像处理时,我们经常需要将两幅图像融合到一起,如图 3-7 所示,将天空图像与运动场图像无缝融合。图层蒙版是一个非常强大的合成图像的工具。

图 3-7 利用图层蒙版合成图像

相关知识

1. 图层蒙版的概念

蒙版附着于图层之上,以 8 位灰度图像的形式存储。蒙版不同位置的灰度代表了图层中对应位置像素的透明程度。纯黑色代表图层对应位置完全透明(像素完全不可见),纯白色代表完全不透明(像素完全可见),灰色部分代表半透明。蒙版越接近黑色,图层对应位置的像素越接近透明。

图层中不可见的区域不受编辑操作的影响,起到遮蔽的作用。同时,图层蒙版修图是一种非破坏性的工作方式,不会改变原来图层的像素,删除或停用蒙版后,图像即恢复原来的样貌。

2. 图层蒙版编辑技巧

进行图层蒙版编辑的时候，可以使用所有的绘画和编辑工具对蒙版进行调整和修饰，最常用的是画笔工具。画笔只有黑、白、灰三色，没有彩色。通常很少使用灰色画笔，而是通过调整画笔的"不透明度"和"硬度"，来使画面更好地融合。

当前工具为画笔时，在英文输入法状态下，按 D 键，可以恢复默认的前景色为黑色，背景色为白色；按 X 键，交换前景色与背景色；按快捷键 Alt+Delete，填充前景色；按快捷键 Ctrl+Delete，填充背景色；按快捷键 Ctrl+I，画面反相；按数字键，直接设置画笔的不透明度，如按数字键 2，设置"不透明度"为 20%。

蒙版也可以用渐变工具进行编辑，制作黑白渐变蒙版，形成非常柔和的过渡效果。

【图层蒙版编辑技巧】

▶ 任务实施

1. 方法一：手绘蒙版

基本思路是，利用图层来拼合图像，通过画笔修改蒙版，让照片更好地融合到背景中。

（1）在 Photoshop 中同时打开两张照片，将天空照片用移动工具拖拽到运动场照片中。

（2）拖拽天空照片到合适的位置，如果照片大小不合适，可以通过执行【编辑 | 自由变换】菜单命令，来调整照片大小。

（3）在"图层"面板中，单击"添加图层蒙版"按钮，如图 3-8 所示。

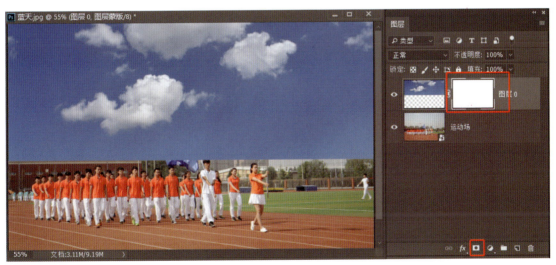

图 3-8　添加图层蒙版

（4）选中工具箱中的画笔工具，前景色设置为黑色，将画笔设置为最软并设置合适的画笔大小，此处画笔宜大不宜小，约 700 像素，设置画笔的"不透明度"为 30%（画笔的不透明度越低，修改越柔和，但是需要涂抹的次数也就越多，应根据需要进行设置），画笔"硬度"设置为 0%，如图 3-9 所示。单击图层蒙版，进行涂抹绘制。

（5）在背景中涂抹，将天空与背景照片融合。将前景色改为白色，将擦掉的画面恢复，如图 3-10 所示。

图 3-9　设置画笔的"不透明度"和"硬度"

图 3-10　编辑蒙版融合图像

（6）如果需要单独查看蒙版，可以按住 Alt 键，单击"图层"面板中的蒙版缩览图，即可在图层中查看蒙版，如图 3-11 所示；按住 Alt 键，再次单击蒙版缩览图（或者直接单击图层缩览图），即可退出蒙版显示。蒙版中黑色部分代表完全透明，灰色部分为半透明状态，白色部分代表完全不透明。通过查看蒙版，可以判断哪些位置的修饰可能还有遗漏。

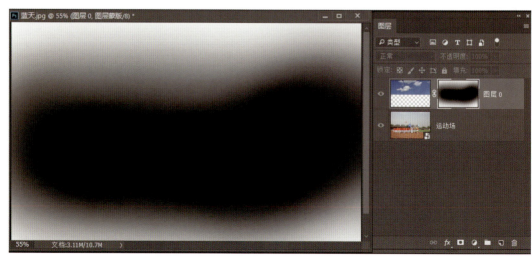

图 3-11　查看蒙版

(7) 如果蒙版绘制失败，可以在蒙版上单击鼠标右键，在弹出的菜单中选择"删除图层蒙版"，如图 3-12 所示；或者在背景色为白色的情况下，按快捷键 Ctrl+Detele，使用白色填充蒙版，然后重新绘制。

图 3-12 选择"删除图层蒙版"

2. 方法二：渐变蒙版

步骤（1）（2）（3）与方法一相同。

(4) 使用渐变工具编辑蒙版。选中渐变工具，在选项栏中选择黑白渐变。

(5) 选中蒙版，使用渐变工具在画面中沿竖直方向拖拽，起点在地面与天空交界的位置，终点可以选择天空顶端，这样可以获得非常柔和的渐变。如果不合适，可以用渐变工具再次拉渐变，直至效果如图 3-13 所示；也可以使用画笔工具在渐变蒙版上继续修改。

图 3-13 渐变蒙版效果

(6) 图层缩览图与图层蒙版之间有一个链接，单击该链接，可以断开或者链接图层与蒙版位置的锁定关系。当断开链接时拖动白云图层，蒙版位置不会改变，这样就可以调整白云在天空中的位置。

3.3 图层自由变换

 任务描述

利用图层自由变换，将已经抠图和分层的各种水果组合成一个水果娃娃，如图3-14所示。

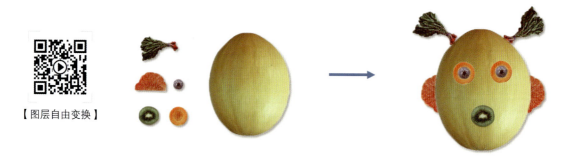

【图层自由变换】

图 3-14 水果娃娃

 相关知识

自由变换指将对象做缩放、斜切、透视、扭曲等变形，这里的对象可以是选区，但更多情况下是针对图层操作的。但是要注意，背景图层默认是锁定的，不能做自由变换，如果要变换必须通过单击背景图层右侧的按钮解锁。

选中对象，执行【编辑|自由变换】菜单命令，对象四周出现控制框，这时在控制框上单击鼠标右键，弹出可以变换的选项（图3-15），单击相应的选项，然后通过控点进行相应的变换。

图 3-15 自由变换选项

自由变换是 Photoshop 中比较常用的命令，配合快捷键，可以大大加快操作速度，提高工作效率。自由变换的快捷键是 Ctrl+T。按住 Shift 键拖动控制框上的控点，可以保持等比例缩放；按住 Alt 键拖动，可以保持中心点不变；同时按住 Shift 和 Alt 键拖动，可以保持中心点不变、等比例缩放；按住 Ctrl 键拖动，可以实现自由变形。

任务实施

（1）在"图层"面板中拖动图层上下移动，可以改变图层的顺序，将"香瓜"图层移到最底层，"葡萄"图层位于"红萝卜"图层之上。

（2）选中移动工具，在工具选项栏勾选"自动选择"复选项，大部分情况下可以做到在画面中单击鼠标时，下方对象所在的图层被自动选中，大大加快操作速度。

（3）将水果移动到画面相应的位置。

（4）按住 Ctrl 键，依次单击红萝卜和葡萄，同时选中需要合并的两个图层，在图层缩略图右侧单击鼠标右键，选择"合并图层"，或者直接按快捷键 Ctrl+E 合并图层，如图 3-16 所示。

（5）娃娃有两只眼睛，所以需要复制眼睛。

方法一：将需要复制的图层拖拽到"图层"面板下方的"新建"按钮上。

方法二：选中相应图层，按快捷键 Ctrl+J。

方法三：按住 Alt 键拖动相应图层。

复制出来后，拖动到合适的位置。如果需要删除图层，将图层拖拽到删除按钮上，或者选中相应图层后，直接按 Delete 键删除。

（6）将菠菜旋转变形制作水果娃娃的小辫儿。执行【编辑|自由变换】菜单命令，拖动控制框可以改变对象的大小，如图 3-17 所示，按住 Shift 键拖动，可以保持等比例变形；按住 Alt 键拖动，可以保持变形中心点不变；同时按住 Alt 键和 Shift 键，可以保持中心点不变等比例变形；按住 Ctrl 键拖动，4 个控制点可以独立变形；在控制点外侧出现双向弧线箭头时拖动，可以旋转对象，旋转的中心点是中间的锚点，可以改变旋转中心点的位置；在控制框上，单击鼠标右键可以实现水平翻转。按 Esc 键放弃变换；按 Enter 键或双击控制框内部，或单击选项栏右侧的"提交变换"按钮，可以确认变换操作。

图 3-16　合并图层

图 3-17　制作水果娃娃的小辫

（7）复制"菠菜"图层，通过水平翻转变形、旋转、移动等操作，制作另一侧小辫。

（8）相同的方法，用红柚制作耳朵。

（9）通过移动各图层的顺序，统筹协调各部件的位置和大小，完成水果娃娃的制作。

3.4 剪贴蒙版

【剪贴蒙版】

任务描述

将如图 3-18（a）所示的牧场照片嵌入如图 3-18（b）所示的墨滴图片中，得到 3-18（c）所示的效果。

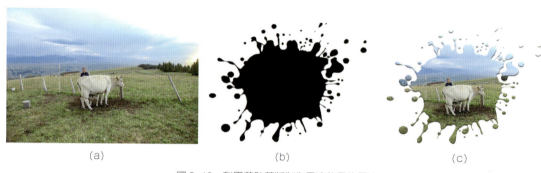

(a)　　　　　　　　　　　(b)　　　　　　　　　　　(c)

图 3-18　利用剪贴蒙版制作墨滴效果的图片

相关知识

剪贴蒙版在早期 Photoshop 版本中称为剪贴图层，剪贴蒙版是由多个图层组成的群体组织，最下面的一个图层称为基底图层（简称基层），位于其上的图层称为顶层。基层只能有一个，顶层可以有若干个。

从广义的角度讲，剪贴蒙版是指包括基层和所有顶层在内的图层群体。从狭义的角度讲，剪贴蒙版单指其中的基层，它的任何属性都可能影响到所有顶层；而每个顶层则只是受基层影响的对象，不具有影响其他层的能力。基层充当着类似于一般意义上蒙版的角色。下文所称的剪贴蒙版即特指基层。

该命令是通过使用处于下方图层的形状来限制上方图层的显示状态，达到一种剪贴画的效果，即"下形状上颜色"。

任务实施

剪贴蒙版的原理很简单：剪贴蒙版需要两个图层，下面一层相当于底板，上面相当于彩纸，我们创建剪贴蒙版就是把上层的彩纸贴到下层的底板上，下层底板是什么形状，剪贴出来的效果就是什么形状的。

（1）打开墨滴图片，该图片为纯白背景，使用魔棒工具选中白色背景，同时将图层解锁，按 Delete 键，删除白色背景。

（2）新建一个图层，填充白色，放到最下面，作为背景层。

（3）打开牧场照片，拖入墨滴图片中，放到"墨滴"图层上方。

（4）将鼠标指针移动到"牧场"图层和"墨滴"图层之间，按住 Alt 键，鼠标指针变成一个向下的箭头，单击鼠标创建剪贴蒙版，效果如图 3-19 所示。

图 3-19 创建剪贴蒙版

(5) 选中"墨滴"图层,单击"图层"面板下方的"添加图层样式"按钮,添加投影,设置不透明度、距离、大小等参数,如图 3-20 所示;注意图层样式必须加在基层才有效果。单击"确定"按钮,添加投影完成。

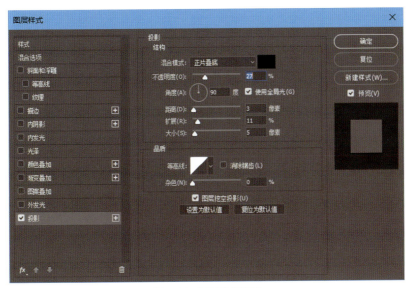

图 3-20 添加投影效果

3.5 图层混合模式

 任务描述

利用"图层"面板中的图层混合模式来混合图像。

【图层混合模式】

 相关知识

Photoshop 的"图层"面板中有一个操作简单、效果强大,却不容易理解的特性——混合模式。常见的图层混合是将两个图层进行混合,下方图层称为基层,上方图层称为混合层。混合模式决定了混合层与基层颜色的合成方式。利用好混合模式,能够实现其他方法不容易实现的一些效果。如图 3-21 所示，通过设置混合层的"滤色"混合模式，可以将基层中的牧场图像嵌入混合层中的墨滴中。

图 3-21　图层混合模式

在许多控制面板，例如，画笔工具中，也有类似的混合模式，如图 3-22 所示，此时混合模式决定了绘图工具的着色方式。一些命令对话框（如填充、描边）也同样有混合模式，除少数选项略有不同外，这几处混合模式的含义基本相同。

图 3-22　画笔工具中的混合模式

混合模式种类很多，可以分组理解和掌握，如图 3-23 所示，按照下拉列表中的分组来将它们分为不同类别，同一类别效果近似，标红框的为该组常用的、具有代表性的混合模式。

图 3-23　图层的混合模式下拉列表

▶ **任务实施**

下面对有代表性的、常用的混合模式通过案例进行讲解。

1. "正片叠底"混合模式

正片叠底的原理相当于透明胶片叠到一起,叠加得越多,透光效果越差,变得越暗。

(1) 将两个相同图层做正片叠底混合,可以降低曝光度,用来修复曝光过度的照片。图 3-24 (a) 为原图,图 3-24 (b) 是对复制的图层与原图层做正片叠底,降低了曝光度,高光部分的层次得到了扩展和改善。

图 3-24 对图层做正片叠底混合

(2) 对白色背景做正片叠底混合时,白色相当于透明,会被滤除掉。注意,只有对纯白色背景,也就是 RGB 都达到 255 的白色背景做正片叠底时,才会被完全透明掉,否则会有一定的残留。如图 3-25 所示,通过正片叠底来给眼睛移植睫毛,这里要想让睫毛与眼睑的形状吻合,可以执行【编辑 | 自由变换】菜单命令,在弹出的变形控制框上单击鼠标右键,选择"变形",拖动控制区域,就可以使睫毛与眼睑吻合。

图 3-25 通过正片叠底来给眼睛移植睫毛

2. "滤色"混合模式

滤色相当于光的混合,当两个图层做滤色混合时,可以看作两个投影灯投射到同一位置,越混合,图像越亮。

(1) 对两个相同的图层做滤色混合,可以提高曝光度,用来改善曝光不足的照片。如图 3-26 所示,曝光不足的照片,可以通过叠加多个图层和调节不透明度,做滤色混合来增加曝光度。

图 3-26　通过滤色混合改善照片曝光不足

（2）黑色背景的图片做滤色混合，黑色相当于透明，会被滤除掉。3.4 节中的利用剪贴蒙版制作的墨滴效果，也可以通过滤色混合来实现，只是没有办法加图层样式，读者可自行尝试。图 3-27 中上方图层为黑色背景的烟花，做滤色混合后，黑色背景被滤除。

图 3-27　滤除黑色背景

（3）相机的二次曝光模式，其原理就是"滤色"混合模式。白色与其他颜色做滤色混合，仍然为白色。黑色部分做滤色混合，颜色则被另一图像替代，如图 3-28 所示。

图 3-28　用滤色混合模拟相机二次曝光

3. "叠加"混合模式

叠加混合时,如果混合色(顶层颜色)比中灰亮,则提亮基色(基层颜色);如果混合色比中灰暗,则压暗基色。

(1)使用"叠加"混合模式给对比度低的图像去灰。两个相同图层混合,比中灰亮的像素会变得更亮,比中灰暗的像素会变得更暗,图像明暗反差变得更大,增加了图像的对比度。如图 3-29 所示,利用"叠加"混合模式给图像去灰,增加了原图的对比度。

图 3-29 通过叠加混合增加图像对比度

(2)使用"叠加"混合模式,可以调整画面的局部曝光。如图 3-30 所示,想要提高人物面部的亮度,需压暗四周环境,以便突出人物。新建空白图层,设置"叠加"混合模式,选中画笔工具,将画笔的"不透明度"设置为 10%,使用黑白画笔在画面中涂抹,白画笔涂过的位置,画面被提亮;黑画笔涂过的位置,画面被压暗。在这里提亮左上角的暗部区域,压暗下方的地面。在同一位置,在不透明度没有达到 100% 以前,可以多次涂抹以加重效果。如果使用"柔光"混合模式也可以达到类似的效果,与"叠加"混合模式相比,"柔光"混合模式的效果更柔和。

图 3-30 黑白画笔配合"叠加"混合模式调整画面局部曝光

3.6 智能对象

【智能对象】

 任务描述

通过将周围环境虚化来突出图片主体,保留主体的清晰度。原图如图 3-31(a)所示,处理后的效果如图 3-31(b)所示。

(a) (b)

图 3-31 虚化边缘突出主体

相关知识

智能对象是包含栅格或矢量图像（如 Photoshop 或 Illustrator 文件）中的图像数据的图层。智能对象将保留图像的源内容及其所有原始特性，从而让你能够对图层执行非破坏性编辑。智能对象具有非常强大的功能，可以有效地提高工作效率，控制文件的体积。

1. 创建智能对象

创建智能对象有许多方法，一般而言，所采用的创建方式取决于创建它的时机和位置。

第一种方法：执行【文件 | 置入嵌入对象】菜单命令，或者在已经打开一张图像的情况下，从资源管理器中向该图像中拖入新图像时，自动创建智能图像，并处于自由变形状态，如图 3-32 所示。当确认变形后，会在"图层"面板中该图层的缩览图右下角有一个智能对象标记。

第二种方法：在"图层"面板中单击鼠标右键，在弹出的菜单中选择"转换为智能对象"，如图 3-33 所示。

图 3-32 置入嵌入对象与智能对象标记   图 3-33 将图层转化为智能对象

第三种方法：执行【文件 | 置入链接的智能对象】菜单命令，这时图片以链接的形式置入，置入之后的图层缩览图右下角有一个链接智能对象标记，如图 3-34 所示。当原始图片发生变化时，所有链接的智能对象都会随之发生变化。

图 3-34　置入链接的智能对象

2. 确保图片质量

智能对象最重要的特性之一，就是确保图片质量不受其他操作的影响。被栅格化的图片在做拉伸变形处理的时候，极易遭到破坏，即使进行旋转也会造成像素损失从而降低图片的质量。但是，如果将图层事先转化成智能对象，Photoshop 会记录图片最原始的信息，此后无论对其进行多少次缩放，都能让图片质量与最初保持一致。当然，要注意的是，当图片放大到超过原始图片大小时，智能对象也会显得模糊，这一点和矢量图是不一样的。同样，对图片使用调色命令时，智能对象也具有相似的特性。

图 3-25（a）为原始栅格图片，图 3-25（b）为缩小、变形后再放大，像素损失造成的模糊。如果事先转化为智能对象再进行缩放操作，则不会有像素损失。

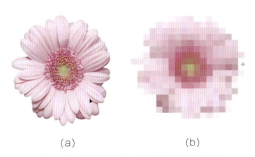

（a）　　　　　　　　（b）

图 3-35　栅格化图片多次缩放后像素受损

3. 保存自由变换的设置

智能对象的另一个重要特性就是它具有保存自由变换设置的功能，能记住当前状态与最初状态之间的缩放比例和旋转角度，如图 3-36 所示。当对一个图片进行扭曲变换之后，依然可以让被扭曲的图片恢复到初始设定的状态。

图 3-36　智能对象可以保存自由变换的设置

4. 嵌入与链接的区别

嵌入对象是将原始图像的副本放入新图像中，如果原始图像发生了变化，不会反映到新图像中；链接对象是将原始图像的链接放入新图像中，如果原始图像发生了变化，会反映到新图像中。

5. 链接智能对象

如果有多个 PSD 文件都要用到同一个设计元素，可以将该设计元素作为源文件，在 PSD 文件中，通过执行【文件 | 置入链接的智能对象】菜单命令的方式链接到该源文件上，当源文件更新时，所有链接了该文件的 PSD 文件都会同步更新。

6. 修改源文件

双击智能对象，可以打开原始文件进行编辑，编辑保存之后，会反映到智能对象中。如果只是在本文件中修改，不想修改原始文件，可以单击鼠标右键，在弹出的菜单中选择"栅格化图层"，则文件不再拥有智能对象的属性。

7. 替换内容

对于智能对象而言，替换内容是一件非常简单的事情。单击鼠标右键，在弹出的菜单中选择"替换文件"，该对象被新图像替换，而且原来设置的所有效果仍然存在，这样在协同操作或者多个样稿进行比较时，会变得非常方便。

8. 将文字图层转化为智能对象

在没有栅格化文字图层的情况下，这些文字可以非常方便地进行缩放、旋转和扭曲操作，但有的操作是需要栅格化之后才能实施的，并且是有损的。将文字图层转化为智能对象之后，就可以实施无损操作了。

9. 使用智能滤镜

智能对象的另一大优势就是可以将滤镜转化为智能滤镜。这种可编辑的滤镜效果既可以单独使用，也可以多个叠加在一起使用。只有少数滤镜是无法用作智能滤镜的。

10. 智能滤镜蒙版

当使用智能滤镜的时候，"图层"面板上对应的位置会出现一个白色矩形，那就是智能滤镜蒙版。智能滤镜蒙版可以屏蔽应用到这一图层的特定滤镜效果，非常实用。

▶ **任务实施**

这里可以使用以下两种方法来操作。

1. 方法一：普通图层

（1）打开图像，按快捷键 Ctrl+J，复制图层。

（2）在顶层图像中，执行【滤镜 | 模糊 | 高斯模糊】菜单命令，设置模糊半径后，单击"确定"按钮，如图 3-37 所示。

（3）在"图层 1"上添加图层蒙版，选中蒙版，使用黑色画笔，将画笔的"大小"设置为 600 像素，"硬度"设置为 0%，"不透明度"设置为 20%，如图 3-38 所示，在画面中点击和涂抹；也可以对蒙版填充黑色，用白画笔涂抹，画笔涂抹过的位置出现模糊效果。

图 3-37　高斯模糊滤镜

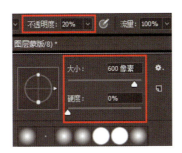

图 3-38　设置画笔

（4）可以交替使用黑白画笔进行编辑、修改，画笔"硬度"设置为 0%，并采用较低的不透明度，可以实现虚化的边缘效果，如图 3-39 所示。

图 3-39　通过两个图层虚化边缘

2. 方法二：智能对象

（1）打开图像，采用前文如图 3-33 所示的方法，将图层转化为智能对象。

（2）执行【滤镜|模糊|高斯模糊】菜单命令，设置模糊半径后，单击"确定"按钮。

（3）编辑智能滤镜蒙版，屏蔽部分滤镜效果，如图 3-40 所示。

图3-40 使用智能滤镜虚化边缘

3. 智能滤镜的优点

智能滤镜的优点是编辑完蒙版之后,如果觉得滤镜效果还需要调整,则可以在"图层"面板中双击滤镜的名字,进入"滤镜"面板继续修改参数;如果是普通图层添加的滤镜,则无法重新调整参数。

 拓展

通过执行【滤镜|像素化|马赛克】菜单命令并使用蒙版,制作局部马赛克效果,如图3-41所示。

图3-41 制作局部马赛克效果

第 4 章 抠图技巧

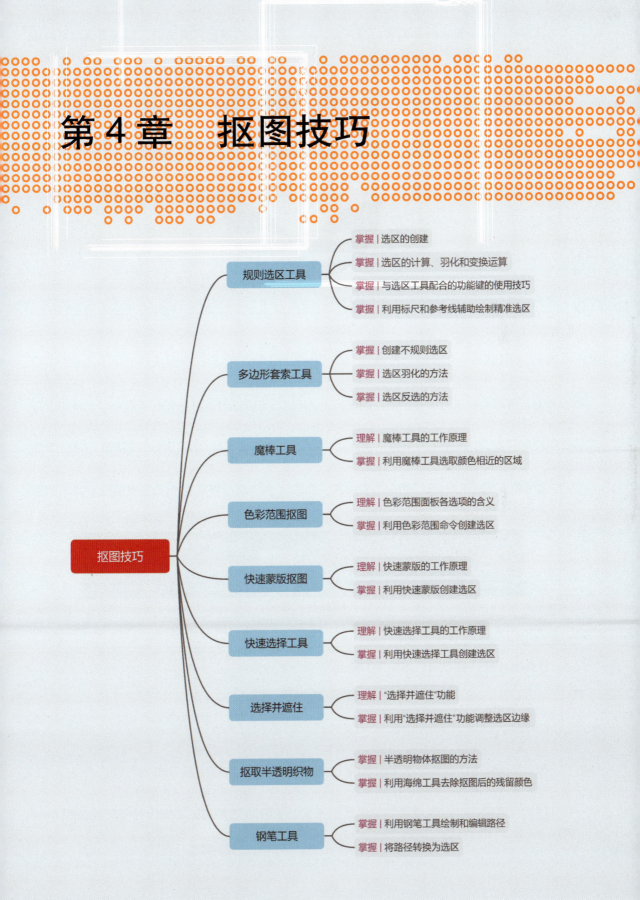

在设计产品画册、网页页面、海报合成时，有大量的图片需要抠图，如何更快、更好地抠图，是每一位设计师的必修课。

4.1 规则选区工具

【规则选区工具】

任务描述

在 Photoshop 中，利用选区工具制作如图 4-1 所示的图案。

图 4-1　制作图案

相关知识

1. 选区的创建

使用选区工具在画面中拖拽，可以绘制矩形和椭圆形选区，在绘制选区时，如果按住 Shift 键，可以绘制正方形和正圆；如果按住 Alt 键，可以以当前鼠标指针所在位置为中心进行绘制。同时按住 Alt 键和 Shift 键，拖拽鼠标左键，可以绘制以当前鼠标指针所在位置为中心的正方形或正圆。绘制选区的同时，按住空格键，可以移动选区位置；松开空格键，可以继续绘制。

也可以在选项栏中的"样式"中设置"固定比例"或"固定大小"来绘制符合要求的选区，如图 4-2 所示。

图 4-2　选区样式

2. 选区的计算

选区有 4 种计算方式，如图 4-3 所示。

图 4-3　选区的计算方式

（1）绘制新选区：每次使用选区工具都是取消旧选区，重新绘制。
（2）添加到选区：在原选区的基础上添加新选区，操作时按住 Shift 键绘制。
（3）从选区减去：在原选区的基础上减去新选区，操作时按住 Alt 键绘制。
（4）与选区交叉：新选区与原选区做交叉，交集为结果选区，操作时需同时按住 Shift 键和 Alt 键。

3. 选区的变换

当前工具为选区工具的情况下，在选区上单击鼠标右键，选择"变换选区"，可以对选区的形状做变换，如图 4-4 所示。要注意这里所做的变换是对选区，而不是对选区内部的像素，如果要对选区内部的像素做变换，应该选中此菜单中的"自由变换"命令。此时，在控制框内单击鼠标右键，可以选择更多的变换形式，如图 4-5 所示。

图 4-4 变换选区

图 4-5 变换选区的形式

4. 选区的羽化

在选区上单击鼠标右键，在弹出的菜单中选择"羽化"（快捷键 Shift+F6），在如图 4-6 所示的对话框中设置"羽化半径"的数值。羽化可以使图像边缘变得柔和。羽化半径决定了边缘柔和过渡的大小。

图 4-6 羽化选区

5.【选择】菜单

利用【选择】菜单可以进行取消选区、反选选区、全选选区、修改选区等操作，【选择】菜单如图 4-7 所示。

▶ 任务实施

（1）新建一个空白图层，设置画布大小为 1000 像素 ×1000 像素。

（2）执行【视图 | 标尺】菜单命令，窗口中显示标尺，在标尺上单击鼠标右键，在弹出的菜单中将标尺的单位设置为"像素"，如图 4-8 所示。

（3）执行【视图 | 显示 | 网格】菜单命令，显示网格，如图 4-9 所示。显示网格是为了能够在绘制选区的时候有参考，绘制得更加精准。

图 4-7 【选择】菜单

图 4-8 设置标尺的单位

图 4-9 显示网格

执行【编辑|首选项】菜单命令，在弹出的"首选项"对话框中进行如图 4-10 所示的设置。

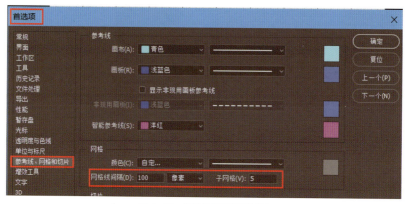

图 4-10 设置网格线的间隔

（4）执行【视图|对齐到|网格】菜单命令，如图 4-11 所示，检查图中选项是否已打开，这样在绘制的时候，选区可以自动吸附到网格。

（5）选中椭圆选框工具，同时按住 Alt 键和 Shift 键，在图像中心绘制一个半径为 500 像素的正圆，如图 4-12 所示。

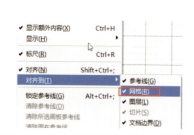

图 4-11 启用"对齐"并设置"对齐到网格"

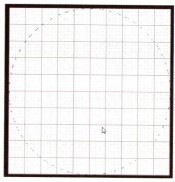

图 4-12 使用椭圆选框工具绘制正圆

（6）按住 Alt 键和 Shift 键，因为已经有选区，这时快捷键的含义是绘制交叉选区，在图像右下角位置拖动绘制选区，保持鼠标左键按下的同时，松开 Alt 键和 Shift 键之后再次按下，此时的快捷键含义是以拖动的原点为圆心绘制正圆，如图 4-13 所示。

(7) 绘制一个半径为 500 像素的圆形后松开鼠标,得到一个近似叶片的选区,如图 4-14 所示。

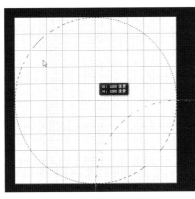
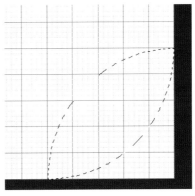

图 4-13 绘制交叉选区　　图 4-14 绘制叶片选区

(8) 新建一个空白图层,设置前景色为黑色,或按快捷键 Alt+Delete,使用黑色填充选区。

(9) 复制图层,得到两个叶片,如图 4-15 所示。

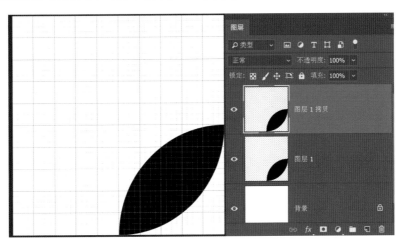

图 4-15 复制叶片

(10) 旋转叶片的角度,旋转时,按住 Shift 键,可以 45°为步长旋转角度拖动叶片的位置。按住 Shift 键,可以保证水平和竖直方向拖动;可以使用方向箭头进行微移,每按一次移动 1 个像素。如果按住 Shift 键拖动方向箭头,每按一次移动 10 个像素。最终将叶片移动到如图 4-16 所示的位置即可。

(11) 可以使用裁剪工具改变画布大小,使画布大小与绘制的形状大小相匹配,如图 4-17 所示。

(12) 在"图层"面板中,按住 Ctrl 键,同时选中两个叶片所在的图层,按快捷键 Ctrl+E,合并图层。

(13) 选中叶片图层,使用选框工具在画面绘制一个矩形选区,按 Delete 键删除像素,如图 4-18 所示。

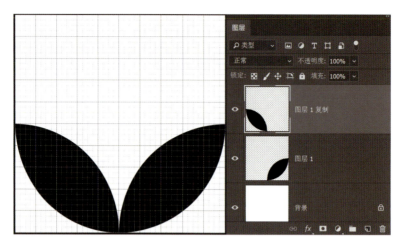

图 4-16 旋转并移动叶片位置

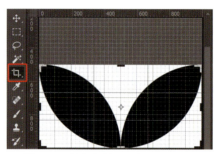

图 4-17 使用裁剪工具改变画布大小

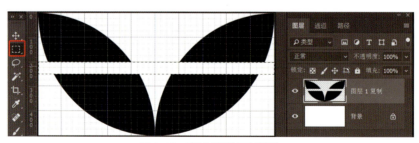

图 4-18 绘制矩形选区并删除

（14）在选中选区工具的情况下拖动鼠标，移动选区，并删除像素，结果如图 4-19 所示。按快捷键 Ctrl+H 可以显示或隐藏网格，以便于观察。

（15）按快捷键 Ctrl+D 取消选区，合并图层后，如果要保存为透明背景的图像，隐藏背景图层，保存为 PNG 格式；如果要保存为白色背景，选择 JPG 格式。

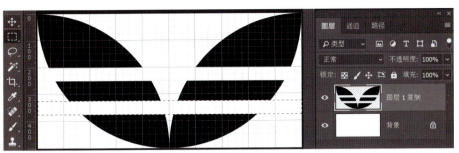

图 4-19　完成图案制作

4.2　多边形套索工具

【多边形套索工具】

👤 任务描述

使用多边形套索工具抠图，将图 4-20（a）中的背景换成如图 4-20（b）所示的蓝天白云，最终效果如图 4-20（c）所示。

　　　　　(a)　　　　　　　　　　　　　　(b)　　　　　　　　　　　　　　(c)

图 4-20　使用多边形套索工具抠图换背景

🔄 相关知识

　　套索工具组是 Photoshop 最基本的抠图工具之一，包括 3 个工具：套索工具、多边形套索工具和磁性套索工具，如图 4-21 所示。其中，多边形套索工具使用频率最高，是用多边形线段来模拟接近物体的边缘。

图 4-21　多边形套索工具组

　　多边形套索工具，两点确定一条直线。使用多边形套索工具建立的选区是由一条条小线段构成的。使用多边形套索工具建立选区时，单击鼠标，确定一个初始描绘点，再次单击鼠标，确定线段转折点，以此类推，最后在与初始描绘点接轨的地方有一个小圆点，单击即可完成，如图 4-22 所示。

　　在使用多边形套索工具的过程中如果点偏离了，可以直接按 Delete 键退回到上一步。

　　有时需要描述的边界比较复杂，应将图像放大操作，放大操作的快捷键是 Ctrl+=，或者同时按住 Ctrl 键和空格键临时变成放大镜；缩小操作的快捷键是 Ctrl+-，或者同时按住 Alt 键和空格键临时变成缩小镜。如果超出了可视区域，可以按住空格键临时变成手形工具拖动画面，松开空格键之后继续绘制选区。

图 4-22　多边形套索工具的使用

由于多边形套索工具绘制的选区是由线段构成的，所以选区边缘比较生硬，可以在使用多边形套索工具之前对属性栏的羽化值进行调整，如图 4-23 所示。如果需要锐利的边缘，则不需要调整羽化值。

图 4-23　羽化边缘

▶ **任务实施**

（1）打开大厦的图像，使用多边形套索工具沿大厦边缘进行单击，用线段来描述大厦的外轮廓，多边形套索在画面外可以随意绘制，不必沿着画面边缘，闭合后变成选区，如图 4-24 所示。

图 4-24　使用多边形套索工具抠图

(2) 在"图层"面板中,对"大厦"图层解锁,变成普通图层。
(3) 按快捷键 Ctrl+Shift+I,反选选区,选中天空。
(4) 按 Delete 键,删除天空。
(5) 按快捷键 Ctrl+D,取消选区。
(6) 将天空图像置入,并调整图层的顺序,换天空的操作完成,如图 4-25 所示。

图 4-25　完成换天空

4.3　魔棒工具

【魔棒工具】

任务描述

使用魔棒工具对图 4-26(a)抠图,将天空换成如图 4-26(b)所示的蓝天,使最终效果如图 4-26(c)所示。

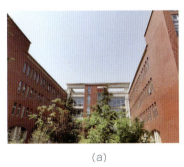
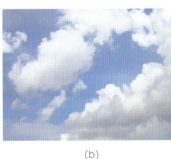

(a)　　　　　　　　　　　(b)　　　　　　　　　　　(c)

图 4-26　使用魔棒工具抠图换背景

相关知识

魔棒工具是 Photoshop 中提供的一种可以快速形成选区的工具,对于颜色边界明显的图片,能够一键形成选区,方便快捷。

魔棒工具的工作原理是根据鼠标在图像中点击的位置，进行色彩取样，然后将图像中色彩相近的区域建立选区，选区就是用蚂蚁线包裹的那部分区域。

为了防止图像中有杂色像素，在选项栏中可以设置取样大小，对采样区域计算平均值，如图 4-27 所示。

图 4-27　设置魔棒工具的取样大小

容差用来定义选区与采样区域的相似程度，容差越小，选区越小，反之则选区变大，所以选择刚好能区分出主体与背景的容差即可。

按住 Shift 键可以在原来选区基础上，增加新采样点建立的选区，扩大选区范围。

当"连续"复选项被勾选时，选区都与采样点区域连通，否则，全图中颜色相近的区域都会被选中。

▶ 任务实施

打开建筑图像，首先分析图像，需要选中的天空颜色比较接近，可以使用魔棒工具进行选择。

（1）选中魔棒工具，考虑到要选中箭头所指的被栏杆包围的天空区域，在选项栏中取消勾选"连续"复选项。在画面天空中找有代表性的颜色位置单击，根据颜色建立选区，如图 4-28 所示。

图 4-28　使用魔棒工具建立选区

（2）选区并没有完全覆盖整个天空，这时增大魔棒的容差参数值，重新单击，可以扩大选区，但需要反复尝试才能找到合适的参数值，而且有时候单纯修改容差无法选中整个区域；这里按住 Shift 键，在未选中的天空区域单击，可以选中剩余的天空。但是这时会发现，建筑物上不该选中的区域也被选中了，如图 4-29 中箭头所指的位置。原因是该区域与天空底部的颜色比较接近。

图 4-29　建筑物上不该被选中的区域

（3）在"历史记录"中退回到开始状态，勾选选项栏上的"连续"复选项，然后按住 Shift 键在天空上加选，通过多次单击，将各部分天空都选中，如图 4-30 所示。

图 4-30　加选区域

（4）解锁"背景图层"，按 Delete 键，删除选区内容，按快捷键 Ctrl+D，取消选区。
（5）将蓝天图像置入，并调整图层的上下关系，完成抠图换背景，如图 4-31 所示。

图 4-31　完成抠图换背景

拓展

对于该案例，如果抠图时，主体的边缘有杂边，可以使用 4.7 节"选择并遮住"的方法进行处理。

魔棒工具的"连续"选项，需要分情况灵活掌握。在图 4-32 中，如果使用魔棒工具选中天空，此时要注意建筑物外墙玻璃有天空反光，也是蓝色，所以在选项栏中要勾选"连续"复选项；如果不勾选此复选项，选中蓝天时，玻璃幕墙也会被选中。

图 4-32　魔棒工具的"连续"复选项

4.4　色彩范围抠图

【色彩范围抠图】

任务描述

利用色彩范围抠图，更换图 4-33（a）的背景，更换背景后的效果如图 4-33（b）所示。

(a) (b)

图 4-33 利用色彩范围抠图换背景

相关知识

色彩范围命令与魔棒工具相似，也是根据色彩建立选区，但是比魔棒工具的功能更强大。

执行【选择｜色彩范围】菜单命令，弹出"色彩范围"对话框（图 4-34），可以指定颜色建立选区，根据高光、中间调、阴影或不同亮度建立选区，可以根据肤色建立选区，也可以使用吸管工具建立选区。建立的选区以黑白蒙版的形式表示出来。

与魔棒工具不同的是，色彩范围没有连续选项，对全图颜色相近区域进行选取。

图 4-34 色彩范围可以指定的颜色选项

任务实施

分析图像，发现需要选中的天空颜色比较接近，这里使用色彩范围命令建立选区。

（1）打开草坪图像，如图 4-35（a）所示。执行【选择｜色彩范围】菜单命令，使用吸管工具，在画面天空中点击，按住 Shift 键在天空中连续点击，观察蒙版，看天空是否都被选中，蒙版中白色位置代表选中。如图 4-35（b）所示，图中 1 所指的黑色部分为白云，与蓝天颜色有差别，所以未完全选中；2 所指的白点部分为远处的海水，不属于蓝天，应该取消选择。

(a)   (b)

图 4-35   吸管取色定义色彩范围

（2）单击"确定"按钮，进一步修饰选区，选中矩形选框工具，按住 Alt 键，将图 4-35（b）中 2 所指的部分减选，然后按住 Shift 键，将 1 所指的白云部分加选进来，如图 4-36 所示。

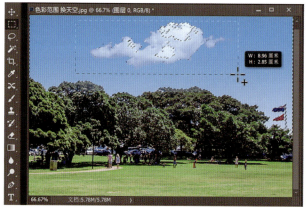

图 4-36   选区加选和减选

（3）将背景图像解锁，按 Delete 键删除选区像素，按快捷键 Ctrl+D 取消选择；置入天空图像，调整图层的顺序，完成抠图换背景后的效果如图 4-37 所示。

图 4-37   完成抠图换背景后的效果

4.5 快速蒙版抠图

【快速蒙版抠图】

任务描述

如图 4-38 所示，使用快速蒙版抠图，制作整体黑白局部彩色的图片。

图 4-38 使用快速蒙版抠图制作局部彩色的图片

相关知识

快速蒙版在工具栏的调色板下面，单击该工具，进入快速蒙版模式；再次单击，退出快速蒙版模式，进入和退出的快捷键都是 Q。

快速蒙版模式可以将任何选区作为蒙版进行编辑，将选区作为蒙版来编辑的优点是可以使用 Photoshop 工具来编辑和修改，如画笔、橡皮擦、选区、滤镜等。例如，如果用选框工具创建了一个矩形选区，可以进入快速蒙版模式并使用画笔扩展或收缩选区，也可以使用滤镜扭曲选区边缘。

从选中区域开始，使用快速蒙版模式在该区域中添加或减去以创建蒙版。另外，也可完全在快速蒙版模式中创建蒙版。受保护区域和未受保护区域以不同颜色进行区分。当离开快速蒙版模式时，蒙版变为选区。

用快速蒙版模式创建选区的步骤为：进入快速蒙版模式（快捷键 Q），用画笔编辑图像（快捷键 B），退出快速蒙版模式（快捷键 Q），所以该方法也称为 QBQ 抠图法。

任务实施

这项任务的基本思路是将红苹果选取出来，复制为一个新图层，然后将原始图像转为黑白图像，这里的关键点是将苹果选取出来。因为苹果近似圆形，可以用椭圆选框工具建立与苹果近似的选区，然后再进一步修改选区。

（1）选中椭圆选框工具，按住 Shift 键，在画面中苹果处拖拽，建立与苹果近似大小的圆形选区，拖拽时，可以在不松开鼠标左键的同时，按住空格键，这时可以拖动调整选区位置，松开空格键可以建立选区。

（2）在选区上单击鼠标右键，在弹出的菜单中选择"羽化"，羽化 1 个像素，可以柔和边缘，如图 4-39 所示。

图 4-39 羽化选区

（3）单击"快速蒙版"按钮或使用快捷键 Q，将选区转化为蒙版，在默认情况下，未选中的区域被蒙版覆盖，蒙版为半透明的红色，如图 4-40 所示。

图 4-40 进入快速蒙版

（4）双击快速蒙版，可以修改"色彩指示"选项和"颜色"，因为这里苹果是红色，为了将蒙版与原图像中的苹果区分开，将颜色设置为蓝色，如图 4-41 所示。

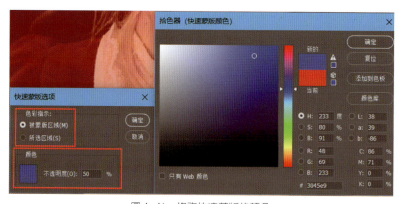

图 4-41 修改快速蒙版的颜色

（5）按快捷键 Q，进入快速蒙版模式，这时蒙版变为蓝色，如图 4-42 所示。

（6）按快捷键 B，选中笔刷，使用画笔工具修改蒙版，画笔的使用技巧跟以前一样，在这里黑色画笔为绘制蒙版，白色画笔为消除蒙版；可以调整画笔的"不透明度"和"硬度"，来控制选区的选取程度，这里保持"不透明度"为 100%，画笔"硬度"为 0%，用黑白画笔（快捷键 X）交替绘制，在绘制细节时，需要放大画面，缩小画笔，结果如图 4-43 所示。

（7）再次按快捷键 Q，退出快速蒙版模式，蒙版变为选区。

图 4-42 快速蒙版颜色设置为蓝色

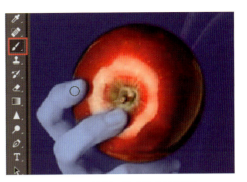
图 4-43 使用画笔修改快速蒙版

（8）按快捷键 Ctrl+J，将选区内的图像复制新的图层。

（9）选中背景图层，执行【图像|调整|去色】菜单命令，或者使用快捷键 Ctrl+Shift+U，将背景图像变为黑白图像，完成后的局部彩色效果如图 4-44 所示。

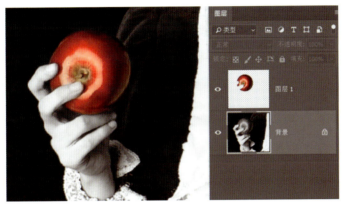
图 4-44 完成后的局部彩色效果

4.6 快速选择工具

【快速选择工具】

任务描述

使用快速选择工具对图 4-45（a）进行抠图，将沙发从画面中抠取出来，使其达到如图 4-45（b）所示的效果。

（a） （b）

图 4-45 抠取沙发

相关知识

快速选择工具与魔棒工具，如图 4-46 所示，它们都是根据颜色的相似性建立选区，魔棒工具的工作方式是点击，根据鼠标点击位置的颜色，将与之颜色相近的区域建立选区；快速选择工具的工作方式是拖拽，拖拽的同时将与鼠标指针所在位置颜色相近的且连续的区域建立选区，通过不断拖拽扩大选区，选区自动停止在颜色差异较大的位置（系统会认为探测到了物体边缘），快速选择工具默认的工作方式为加选，按住 Alt 键可以实现减选。

图 4-46　快速选择工具与魔棒工具

有时候建立选区，两种工具都可以使用，它们在改变选区方式上的差别如下。

使用魔棒工具改变选区大小，主要通过加选或减选、改变容差值、是否勾选"连续"复选项的方式，如图 4-47 所示。

图 4-47　魔棒工具及其选项

快速选择工具扩大选区的方式主要靠鼠标拖拽，形象一点说就是可以"画"出选区，而且一次选中的都是连续区域；可以通过调整画笔大小来调整灵敏度，细微的选区需要用较小的画笔。

任务实施

（1）使用快速选择工具（快捷键 W）在沙发上拖拽，系统根据颜色自动扩大选区，因为沙发与周围环境有非常明显的区分，系统建立选区时探测到沙发的边界就会自动停止扩展。

（2）在沙发腿的位置，因为物体较小，需要用较小的画笔绘制选区，如果超出了物体边缘，按住 Alt 键绘制可以实现减选，如图 4-48 所示。操作时，会发现由于 JPG 压缩造成的物体边缘的像素颜色不纯净，选择起来有一定困难，提醒我们尽可能使用高质量的图片。

图 4-48　使用快速选择工具建立选区

（3）可以借助快速蒙版模式，查看边缘的选区是否都选择正确，并在快速蒙版模式下使用画笔进一步修正选区。

（4）按快捷键 Ctrl+J，复制选区图像，抠图完成。

4.7 选择并遮住

任务描述

利用"选择并遮住"功能,在图4-49(a)中抠取小猫并更换背景,使其达到如图4-49(b)所示的效果。

【选择并遮住】

(a)

(b)

图4-49 抠取小猫并更换背景

相关知识

"选择并遮住"功能是Photoshop 2015.5版本以后新增的功能,当在工具栏中选择任意一个选区工具,如选框工具、套索工具、魔棒工具、快速选择工具等的情况下,在选项栏中会出现"选择并遮住"按钮,该功能集成了很多抠图工具,大部分抠图工作都可以借助它来完成,功能十分强大。学习前面的抠图工具,对于理解和掌握该功能具有重要意义。

该功能可以在已经建立选区的情况下,进一步修饰选区使用,也可以在未选中选区的情况下独立抠图使用。

任务实施

这里把"选择并遮住"功能作为一个辅助的抠图工具来使用。

(1)打开小猫图像,置入草原图像,并将"草原"图层放到"小猫"图层的下面。

(2)选中"小猫"图层,可以看到图像的背景与主体之间有比较明确的轮廓,适合使用快速选择工具。在工具栏中选中快速选择工具,由于背景色彩比较简单,容易选取,可以先选中背景再进行反选。绘制时,因为猫的耳朵背面与背景的绿色比较接近,会被选进来,如图4-50所示。所以,要缩小画笔,按住Alt键,在相应的部分涂抹,进行减选。

(3)按快捷键Q,进入快速蒙版模式,未选中的区域被蒙版覆盖,如图4-51所示,检查一下是否有错选或漏选。再次按快捷键Q退出快速蒙版模式,可以再次用快速选择工具对选区进行修正。

(4)这时选中的是背景,按快捷键Ctrl+Shift+I,反选选区,小猫被选中,但是小猫的胡须未被选中,毛茸茸的边缘处理得也很生硬,需要对选区的边缘进行处理。

(5)单击选项栏中的"选择并遮住"按钮,如图4-52所示。

图 4-50　使用快速选择工具选取背景

图 4-51　使用快速蒙版工具检查选区是否有错选或漏选

图 4-52　单击"选择并遮住"按钮

（6）如图 4-53 所示，在弹出的调整界面中，右侧为"属性"面板，其中的视图模式有 6 种。
▲洋葱皮：未选中区域以半透明形式显示。
▲闪烁虚线：选中区域以闪烁虚线（蚂蚁线）包裹。
▲叠加：未选中区域被蒙版，覆盖 50% 的红色。
▲黑底：未选中区域，覆盖 50% 的黑色。
▲白底：未选中区域，覆盖 50% 的白色。
▲图层：抠掉未选中区域之后的效果如图 4-53 所示，会看到左边的胡须没有抠取，身体的边缘比较生硬，需要处理。

（7）如图 4-54 所示，在左侧工具栏中，选择第二个工具"调整边缘画笔"，在右侧的"属性"面板中选择"叠加"视图模式，并勾选"显示边缘"复选项，在下侧"边缘检测"选项中拖动半径值，在中间预览区域可以看到主体的边缘未被蒙版，这里的半径值代表边缘区域的宽度，系统会在这个区域中自动判断哪些像素属于主体，哪些像素属于背景。半径值根据实际情况进行设置，它是针对整个主体边缘，对于大部分位置合适即可。参数值设置要适当，过小不能覆盖毛发的边缘，过大则会使系统判断失误，这里"半径"设置为 5

像素。"智能半径"复选项会在前面半径数值的基础上自动调整选区边缘宽度，根据需要进行勾选。

图 4-53　视图模式

图 4-54　设置抠图对象的边缘宽度

（8）可以看到小猫胡须部分仍然未被选中，使用调整边缘画笔对局部进行修饰，调整适当的画笔大小，画笔大小的调整可以用快捷键 [、] 调整，沿着小猫胡须方向涂抹，使区域刚好覆盖胡须部分，如图 4-55 所示。

（9）现在主体的边缘都已经定义完毕，下面看一下边缘处理的结果。取消勾选"显示边缘"复选项，在视图模式下，分别切换到"黑底"和"白底"模式下进行查看，如图 4-56 所示；用两种底色查看，便于看清楚不同明度的抠图边缘是否干净，这里在白色背景下会看到边缘有绿色杂色。

图 4-55　使用调整边缘画笔修饰局部毛发

图 4-56　分别在"黑底"和"白底"模式下检查抠图边缘是否干净

（10）如图 4-57 所示，在"黑白"模式下预览区域显示蒙版，黑色区域为要抠掉的区域，白色区域为要保留的区域，灰色部分为半透明区域，可以使用画笔修改蒙版，也就是修改选区。

图 4-57 "黑白"模式下查看选区

（11）如图 4-58 所示，在"图层"模式下，可以看到抠图后合成的效果，如果有确定的合成对象，抠图是否干净可以以合成时是否能看到痕迹为准。

图 4-58 "图层"模式下预览合成后的效果

（12）在"黑白"模式下，调整全局调整中的参数，可以了解以下各个参数的含义。

▲平滑：改变边缘的形状，使边缘更加平滑，如图 4-59 所示。

图 4-59 "平滑"参数可以改变边缘的形状和平滑度

▲羽化：可以产生更加柔和的过渡边缘，如图 4-60 所示。

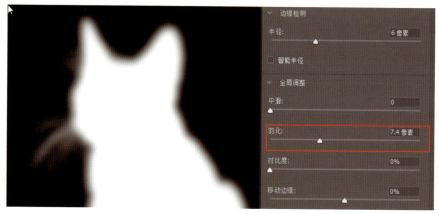

图 4-60 "羽化"参数可以柔和过渡边缘

▲对比度：可以增加蒙版中的黑白对比度，减少灰色区域，让边缘更加锐利，如图 4-61 所示。

图 4-61 "对比度"参数可以改变边缘的锐利程度

▲移动边缘：收缩或者扩展边缘，如图 4-62 所示。

图 4-62 "移动边缘"参数可以收缩或者扩展边缘

▲清除选区：将选区清除，使整个图像都处于未选中状态。
▲反相：将选区反转。

对于本图来说，不需要做"全局调整"，将所有参数复位。

（13）在输出设置中勾选"净化颜色"复选项，如图 4-63（a）所示；系统这时候自动向外扩展边缘的颜色，原来的杂色被替代，如图 4-63（b）所示。

　　　　　　　（a）　　　　　　　　　　　　　（b）

图 4-63 净化颜色及效果

（14）如图 4-64 所示，将"输出到"选项设置为"新建带有图层蒙版的图层"，这样可以在退出"选择并遮住"功能工作区后，新建一个带有图层蒙版的图层完成抠图，可以继续使用蒙版修改选区；如果对一批图像采用一样的输出设置，可以勾选"记住设置"复选项。

（15）如图 4-65 所示，点击属性面板最下方的"复位"按钮，可以回到最初进入该功能时的状态。

图 4-64 "输出到"设置　　　　　　　图 4-65 复位功能

图 4-66　返回到上一步操作

（16）如果操作过程中想返回到上一步的操作，快捷键是 Ctrl+Alt+Z，或通过执行菜单命令进行操作，如图 4-66 所示。在"选择并遮住"工作区，"历史记录"面板不起作用。

（17）如图 4-67 所示，单击"确定"按钮，完成抠图。

图 4-67　完成抠图的图层结构

（18）如果在蒙版上单击鼠标右键，禁用蒙版，会发现 Photoshop 对边缘做了扩展，原图像已经被改变，如图 4-68 所示。这是由于在"选择并遮住"工作区中使用了"净化颜色"选项的原因。因为原始图像已经被修改，再用画笔修改蒙版时，可能无法达到预期的效果。

图 4-68　"净化颜色"选项会修改原图

（19）如果未用过"净化颜色"选项，可以在蒙版上用画笔进一步编辑选区。如果这时双击蒙版，也可以再次进入"选择并遮住"工作区，修饰选区，但是面板内对上次调整的参数并没有记忆。

4.8　抠取半透明织物

　任务描述

抠取如图 4-69（a）所示的人物及婚纱，与背景图像合成，婚纱要有半透明的质感，效果如图 4-69（b）所示。

(a) (b)

图 4-69 抠取人物及婚纱与背景图像合成

相关知识

半透明抠图实际上是控制选区的"选取度","选取度"为 100% 时,图像完全不透明;"选取度"为 0% 时,图像完全透明;"选取度"为中间值时,图像半透明。

任务实施

分析图像,画面背景颜色相对单纯,先用快速选择工具选中背景,反选后再修饰选区。

（1）使用快速选择工具在背景上拖动,选中背景,如图 4-70 所示。

（2）按快捷键 Ctrl+Shift+I,反选选中人物。

（3）单击选项栏中的"选择并遮住"按钮,在弹出的属性面板中选择"叠加"视图模式,将蒙版颜色设置为蓝色。

（4）在边缘检测中,调整半径值为 10 像素;使用左侧工具栏中的调整边缘画笔在婚纱透出红色背景的位置涂抹,如图 4-71 所示。

（5）如图 4-72 所示,取消选中"显示边缘"复选项,选择"图层"视图模式,使用左侧工具栏中的画笔工具对抠透的地方进行修补。

（6）如图 4-73 所示,选择"黑白"视图模式,可以用画笔进一步修饰选区,按住 Alt 键,可以将白画笔切换为黑画笔。视图中的灰色部分即为半透明部分。

图 4-70 选中背景

（7）如图 4-74 所示,在输出设置中勾选"净化颜色"复选项,"输出到"选择"新建带有图层蒙版的图层",因为箭头所指的位置,头发和饰品没有抠干净,需要进一步修饰。

图 4-71 使用半径和调整边缘画笔来定义主体的边缘区域

图 4-72 定义边缘之后的抠图效果

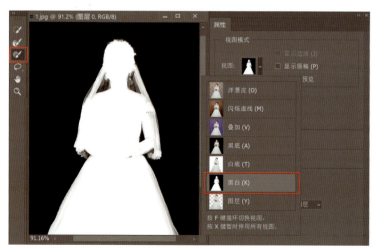

图 4-73 在"黑白"视图模式下修饰选区

图 4-74　定义输出设置

（8）在蒙版上，使用画笔工具对部分区域进行修饰，这时候需要放大画面，用很小的画笔和较低的不透明度进行精细修饰，如图 4-75 所示。

图 4-75　在蒙版上进一步修饰

（9）使用移动工具将图层拖入风景图像，可以进一步用画笔工具修饰蒙版，使用不透明度很低的黑色画笔，在希望进一步透明的婚纱处涂抹，调整婚纱的不透明度。在蒙版上单击鼠标右键，在弹出的菜单中选择"应用图层蒙版"，如图 4-76 所示。

（10）如果觉得婚纱透明的位置还残留原来画面中背景的颜色，可以使用海绵工具修饰。如图 4-77 所示，选中工具箱中的海绵工具。选项栏中的"模式"选项，其中"去色"为降低饱和度，"加色"为提高饱和度，此例设置为"去色"模式，在露出棕色背景的位置涂抹，去掉背景色。

（11）与背景图像比较，如果觉得人物亮度不合适，可以再进一步用曲线工具进行亮度调整，最终效果如图 4-69（b）所示。

拓展

与海绵工具同一组的还有两个工具，即减淡工具和加深工具，如图 4-78 所示。

图 4-76　将图层拖入风景图像

图 4-77　海绵工具

图 4-78　减淡工具和加深工具

　　减淡工具用来增强画面的明亮程度，在画面曝光不足的情况下使用非常有效。选项栏中的"范围"选项，可以设定要调整亮度所处的影调区域，"阴影"主要对绘制区域中低于中灰色的区域起作用，"中间调"对用减淡工具绘制过的整体区域起作用，"高光"主要对高于中灰色的区域起作用。例如，拍摄一个夜空图，如果想用减淡工具加强一些星星的亮度，而尽量不影响天空的亮度，可以将"范围"选项设置为"高光"。

　　加深工具的功能与减淡工具的功能正好相反，使用方法类似。

4.9　钢笔工具

【钢笔工具】

任务描述

　　使用钢笔工具抠出图 4-79（a）中的苹果，使之具有平滑的边缘，效果如图 4-79（b）所示。

（a）　　　　　　　　　　　　　　　（b）

图 4-79　使用钢笔工具抠出图片中的苹果

相关知识

前面介绍了很多抠图的方法,每种抠图方法都有其优点,很多情况下都需要多种工具配合使用。抠图工具中,魔棒工具和快速选择工具较为常用,可以根据主体与背景的不同快速建立选区,但由于它们都是基于图像中的像素创建选区,所以都有一个缺点就是选区边缘不够光滑。如果需要创建光滑的不规则选区,就要使用钢笔工具。

用钢笔工具抠图的优点是可以勾画平滑的曲线来模拟物体的边缘。钢笔工具属于矢量绘图工具,画出来的矢量图形称为路径,当起点与终点重合时,就可以得到一个封闭的路径。封闭的路径可以转化为选区,以完成抠图。

任务实施

图 4-79(a)中的苹果由很多弧线构成,可以选择相对精确的钢笔工具来完成抠图。

(1)打开需要抠图的图片,选择钢笔工具,然后在选项栏设置为"路径",如图 4-80 所示。

图 4-80　钢笔工具设置

(2)在画面上选一个点,一般可以选择在曲线转折的位置,此例选择在两个苹果上方交界的点,在该位置用钢笔工具单击并向右沿苹果边缘曲线走势拖动,创建第一个锚点。

(3)按顺时针方向沿苹果走向再选择一个点,可以选在曲线转折的位置,间隔宜大不宜小,太小了会使整个曲线破碎不平滑,而如果太大也不利于调整,多做几次就有经验了。在选择的点上沿苹果走势拖动,使进入该点的曲线与苹果边缘吻合,这样创建第二个锚点,如图 4-81 所示。

(4)同样选择在转折的地方创建第三个锚点,单击并拖动,让进入该点的曲线形状与物体吻合;方形点为锚点,圆形点为操纵手柄;这时发现离开第二个锚点的曲线与物体边缘不吻合,按住 Alt 键拖动第二个锚点离开方向的操纵手柄,调整曲线形状与物体边缘吻合,如图 4-82 所示。

图 4-81　使用钢笔工具创建第一个和第二个锚点　　图 4-82　调整曲线形状与物体边缘吻合

（5）如果发现哪个锚点所对应的曲线不合适，按住 Ctrl 键单击锚点，可以激活该锚点和操作手柄；按住 Alt 拖动手柄，可以改变单侧曲线形状；按住 Ctrl 键拖动锚点，可以改变锚点的位置。

（6）用同样的方式创建其他锚点，回到初始位置闭合时，按住 Alt 键单击出发的锚点，闭合路径，如图 4-83 所示。

（7）闭合路径之后，仍然可以使用钢笔工具增加锚点、减去锚点或移动锚点的位置，修改路径形状，锚点宜少不宜多，锚点越多，形状越不容易控制。

（8）在路径上单击鼠标右键，在弹出的菜单中选择"建立选区"，如图 4-84 所示。复制图像，抠图完成。

图 4-83 闭合路径

图 4-84 由路径建立选区

（9）如果需要再次修改，可以在"路径"面板中单击下方的"从选区生成工作路径"按钮，如图 4-85 所示，进入路径再次修改。完成后的效果如图 4-79（b）所示。

图 4-85 从选区生成工作路径

第 5 章　调色工具

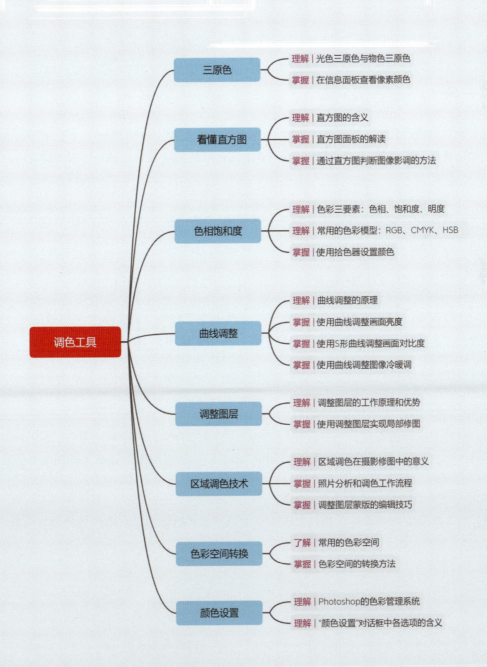

调整照片的影调与色彩是图像处理中的一项重要工作，也是每位摄影师都必须会做的工作。

5.1 三原色

【三原色】

任务描述

为了能在显示设备上显示丰富多彩的图像，通常使用三原色来表示颜色。学习图像处理，就要理解三原色的原理，并会查看任何一个像素的颜色信息。

相关知识

1. 原色

色彩中不能再分解的基本色称为原色。原色可以合成其他的颜色，而其他颜色却不能合成原色。

2. 光色三原色

将红色（Red）、绿色（Green）、蓝色（Blue）3 种光色以不同的比例相加，可以产生各种色光，所以将 RGB 定义为光色三原色。加色模型的原理广泛应用到自发光显示设备上，如电视和计算机。后面我们讲到在 Photoshop 中调色默认都是光色三原色，即 RGB。

3. 物色三原色

在打印、印刷、油漆、绘画等靠介质表面的反射被动发光的场合，物体所呈现的颜色是光源中被颜料吸收后所剩余的部分，其成色原理称为减色模型。减色模型的三原色分别是青色（Cyan）、品红色（Magenta）和黄色（Yellow）。

4. 位深度

位深度也称像素深度或颜色深度，用来度量在图像中使用多少颜色信息来表示一个像素。较大的位深度（每个像素信息的位数多）意味着数字图像具有较多的可用颜色和较精确的颜色表示。通常的彩色照片都是真彩色图像，即每个像素的 R、G、B 值分别用一个字节来表示，共 24 位二进制数来描述一种颜色，总共可以描述 16777216 种颜色。

任务实施

在 Photoshop 中，查看图像的颜色信息。

（1）打开一张彩色照片。

（2）执行【窗口|信息】菜单命令，调出"信息"面板查看像素颜色，如图 5-1 所示。

（3）当鼠标指针在图像上方滑过时，在"信息"面板中就会实时显示颜色信息，即 RGB 值，每个分量的参数值都为 0～255。

（4）在工具箱中选择吸管工具，在图中单击，可以将所单击位置的颜色拾取为前景色。

图 5-1 查看像素颜色

5.2 看懂直方图

【看懂直方图】

任务描述

在很多场合都会用到直方图，例如，拍完照片后，在照相机上就可以调出该照片的直方图查看，以对照片的曝光情况进行定性和定量的分析，如图 5-2 所示。我们要学会看懂直方图，并借助直方图分析和处理照片。

相关知识

1. 直方图

直方图（图 5-3）是数字图像处理中最简单、最有用的工具。它用图形表示图像的每个亮度级别的像素数量。直方图的横坐标是灰度级（通常左边代表最暗，右边代表最亮），纵坐标是该灰度级出现的频率，是图像的最基本的统计特征。

图 5-2 照相机中的直方图

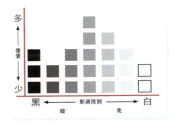

图 5-3 直方图

2. 影调

对于摄影而言，影调指照片上所表现的明暗层次，即黑白灰的明暗等级；又指整个画面的调子，即光与影所造成的整幅画面的明暗总趋势。根据明暗不同，可以分为亮调、暗调和中间调。

3. 直方图与影调

直方图可以反映图像影调特征。亮调的图像，直方图中像素主要分布在较亮的区域；暗调的图像，直方图中像素主要分布在较暗区域；中间调的图像，直方图中像素分布比较平均，如图 5-4 所示。

图 5-4　直方图与影调

4. 直方图与曝光

通过直方图也可以直观地判断照片的曝光情况，通常一张曝光良好的照片从最暗到最亮都有像素分布。如果通过直方图观察，像素集中在暗部区域，亮部没有像素，通常是曝光不足；相反，如果像素集中在亮部区域，暗部没有像素，通常是曝光过度。

▶ 任务实施

在 Photoshop 中，查看图像的直方图。

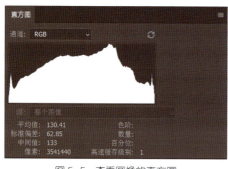

图 5-5　查看图像的直方图

（1）打开一张中间调的图像。

（2）执行【窗口｜直方图】菜单命令，调出"直方图"窗口。

（3）在"通道"选项，初学者通常选择"RGB"通道，这样观察的是 RGB 总的直方图，也可以选择各颜色通道，观察各颜色亮度的分布情况，如图 5-5 所示。

（4）在窗口右上角的下拉菜单中，也可以选择"紧凑视图""扩展视图""全部通道视图"。

（5）从直方图中可以看出，图像从最暗到最亮都有像素分布，且分布相对比较均匀，可以判断该图像曝光基本合适，是一个中间调图像，并且影调比较柔和。

5.3　色相饱和度

【色相饱和度】

▶ 任务描述

使用 Photoshop 中的色相饱和度命令，调整图像的色相和饱和度。

> **相关知识**

RGB 色彩模型是为了设备显示使用,但是并不符合人们对色彩的直观感受。为了满足人们对色彩的直观感受,方便调色,提出了 HSB 色彩模型,也称色彩的三要素:色相(H)、饱和度(S)、明度(B)。图 5-6 所示为"拾色器(前景色)"对话框,可以用 HSB 模式指定色彩。

图 5-6 "拾色器(前景色)"对话框

1. 色相

色相是指色彩的相貌,是区分色彩的主要依据,用名称来区别红色、黄色、绿色、蓝色等各种颜色。色相用 H 来表示,参数值范围为 0~359。双击工具箱中的前景色图标,弹出"色相/饱和度"对话框,通过拖动颜色条上的滑块,可以改变颜色的色相,如图 5-7 所示。

图 5-7 "色相/饱和度"对话框

2. 饱和度

饱和度是指色彩的鲜浊程度,用 S 表示。颜色越纯,饱和度越高,最高为 100。混入了其他颜色后,饱和度降低。饱和度为 0 时,为不同程度的灰色。拾色器上的左侧方块为色域,在色域上水平移动,可以改变颜色的 S 值,即饱和度值。

3. 明度

明度是指色彩的明暗程度,也称深浅度,是表现色彩层次感的基础。在色域上竖直移动,可以改变颜色的 B 值,即明度值。

任务实施

在 Photoshop 中，执行【色相/饱和度】菜单命令，可以调整图像的颜色。

（1）打开一张彩色照片。

（2）执行【图像|调整|色相/饱和度】菜单命令，弹出"色相/饱和度"对话框，如图 5-7 所示。

（3）分别调整"色相""饱和度""明度"，观察图像中色彩的变化效果，理解各属性的含义，对话框下端有两个颜色条，其颜色是按色谱的顺序排列的。上面的颜色条是指原图的色彩，而下面的颜色条则是指调节后的色彩。当拖动颜色条上的滑块时，下面的色谱就会移动，上面颜色条中的颜色会被下面颜色条中的颜色所替代。

（4）按住 Alt 键，对话框中的"取消"按钮变为"复位"按钮，单击"复位"按钮，对话框中的参数恢复为初始值，图像也恢复为初始状态。

（5）单击"全图"右侧的下拉按钮，可以选择单个颜色，并可以通过移动下面颜色条上的滑块来设定颜色范围；设置好后，再来调整"色相""饱和度""明度"等参数，则只对设定好的颜色范围做色彩调整。当不确定颜色名称时，也可以使用对话框左下角的小手工具，在画面上单击来拾取颜色。

（6）勾选"着色"复选项，可以将图像变为单色图像，并可以对颜色进行调整。

 拓展

颜色模型就是用一组数值来描述颜色的数学模型。通常颜色模型分为两类：与设备相关的颜色模型和与设备无关的颜色模型。

与设备相关的颜色模型：常见的有 RGB、CMYK、HSB、YCbCr 等。这类颜色模型主要用于设备显示、数据传输等。与设备无关的颜色模型：这类颜色模型是基于人眼对色彩感知的度量建立的数学模型，如 Lab 等颜色模型，这些颜色模型主要用于计算和测量。

1. RGB 颜色模型

RGB 颜色模型是最典型、最常用的、面向硬件设备的三基色模型。电视、摄像机和彩色扫描仪都是根据 RGB 颜色模型工作的。一组确定的 RGB 数值，在不同显示设备上解释时，得到的颜色并不相同，依赖于具体的显示器件。RGB 颜色模型建立在笛卡尔坐标系中，其中三个坐标轴分别代表 R、G、B，如图 5-8 所示，RGB 颜色模型是一个立方体，原点对应黑色，离原点最远的顶点对应白色。RGB 颜色模型是加色，是基于光的叠加的，红光加绿光加蓝光等于白光。RGB 颜色模型应用于显示器这样的设备。

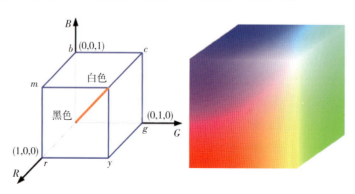

图 5-8 RGB 颜色模型

RGB 颜色空间的主要缺点是不直观，从 R、G、B 的值中很难知道该值所代表颜色的认知属性，因此 RGB 颜色空间不符合人对颜色的感知心理。另外，RGB 颜色空间是不均匀的颜色空间，两种颜色之间的知觉差异不能采用该颜色空间中两种颜色点之间的距离来表示。

2. CMYK 颜色模型

CMYK 颜色模型常用于印刷出版。如图 5-9 所示，CMYK 表示青色（Cyan）、品红色（Magenta）、黄色（Yellow）、黑色（Black）4 种颜色。由于颜色不同的特性，该模型也是与设备相关的，依赖于打印设备对各个分量的解释。相对于 RGB 的加色混色模型，CMYK 是减色混色模型，颜色混在一起，亮度会降低。之所以加入黑色，是因为打印时由品红色、黄色、青色构成的黑色不够纯粹。

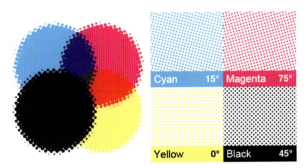

图 5-9　CMYK 颜色模型

在印刷过程中，必然要经过一个分色的过程，所谓分色就是将计算机中使用的 RGB 颜色转换成印刷使用的 CMYK 颜色。在转换过程中存在两个复杂的问题：一是这两个颜色模型在表现颜色的范围上不完全一样，RGB 的色域较大而 CMYK 的色域则较小，因此就要进行色域压缩；二是这两个颜色都是和具体的设备相关的，颜色本身没有绝对性。因此就需要通过一个与设备无关的颜色模型来进行转换。

3. HSB 颜色模型

HSB 颜色模型是基于人眼的一种颜色模式。它是普及型设计软件中常见的色彩模式，其中 H 代表色相，S 代表饱和度，B 代表明度，如图 5-10 所示。

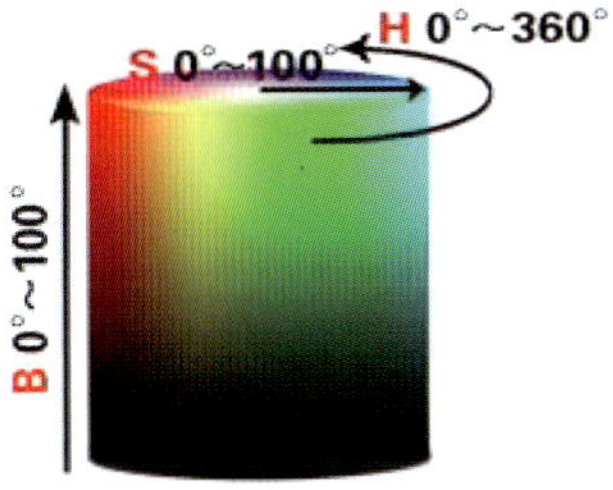

（1）色相 H（Hue）：在 0°～360° 的标准色环上，按照角度值标识。比如红色是 0°、橙色是 30° 等。

（2）饱和度 S（Saturation）：是指颜色的强度或纯度。饱和度表示色相中彩色成分所占的比例，用从 0%（灰色）～100%（完全饱和）的百分比来度量。

图 5-10　HSB 颜色模型

（3）明度 B（Brightness）：是颜色的明暗程度，用从 0%（黑色）～100%（白色）的百分比来度量。

4. Lab 颜色模型

Lab 颜色模型基于人对颜色的感觉，Lab 中的数值描述的是正常视力的人能够看到的所有颜色。因为 Lab 描述的是颜色的显示方式，而不是设备（如显示器、桌面打印机或数码相机）生成颜色所需的特定色料的数量，所以 Lab 被视为与设备无关的颜色模型。色彩管理系统使用 Lab 作为色标，将颜色从一个色彩空间转换到另一个色彩空间。

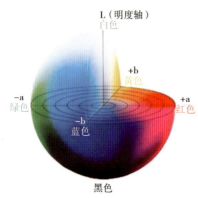

图 5-11　Lab 颜色模型

如图 5-11 所示，Lab 色彩模型是由明度（L）、有关色彩的 a 和 b 这 3 个要素组成的。L 表示亮度（Luminosity），a 表示从洋红色至绿色的范围，b 表示从黄色至蓝色的范围。L 的值域为 0～100，当 L=50 时，就相当于 50% 的黑色；a 和 b 的值域为 +127～-128，其中 +127a 就是红色，渐渐过渡到 -128a 的时候就变成绿色；同样原理，+127b 是黄色，-128b 是蓝色。所有的颜色就以这 3 个值交互变化所组成。例如，一种颜色的 Lab 值是 L=100、a=30、b=0，这种颜色就是粉红色。

5.4　曲线调整

【曲线调整】

任务描述

如图 5-12（a）所示，这是一张航拍照片，由于雾霾的原因，照片反差较弱，整体发灰。请使用曲线调整命令，润饰图像，增大图像反差，改善图像偏色，使其达到如图 5-12（b）所示的效果。

（a）

（b）

图 5-12　使用曲线调整改善航拍发灰图像

相关知识

虽然 Photoshop 提供了众多的色彩调整工具，但实际上最常用的是曲线调整命令。曲线调整命令功能强大，操作简便。

1. 曲线调整的原理

"曲线"对话框允许调整图像的整个色调范围，可以是 0～255 范围内的任意灰度级别，最大限度地控制图像的色调品质。

在如图 5-13 所示的直方图中，横坐标是原来的明度，纵坐标是调整后的明度。在未进行调整时，曲线是直线形的，而且角度是 45°，曲线上任何一点的横坐标和纵坐标都相等，这意味着调整前的明度和调整后的明度一样，也就是没有调整。

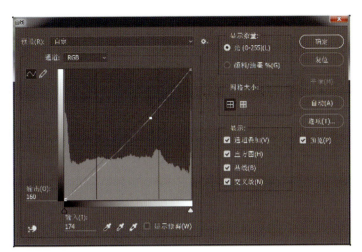

图 5-13 曲线调整

在曲线上，选择一点，向下拖动，对话框的左下角显示所选点的横坐标和纵坐标。图中，输入（横坐标，即调整前的明度）是 174，输出（纵坐标，即调整后的明度）是 160，意味着把明度由 174 提高到 160。由于曲线的连续性，不只是这个点降低了，整条曲线的点都降低了，也就是说整个画面的明度都降低了。反之，曲线向上提，画面明度提高。

2. S 形调整

如果在曲线上选择两点，一个点在曲线上半段，向上提；一个点在曲线的下半段，向下压。那么，曲线呈现 S 形态，称 S 形调整。这种调整使画面中的亮部更亮，暗部更暗，能够增强画面对比度，能够在视觉上改善对比度较弱的图像。

3. 冷暖调的调整

在默认情况下，调整中的通道选项是"RGB"。如果在通道中，选择不同的通道去调整，可以改变图像的色调倾向。暖调调整：R 通道曲线上提，B 通道下压，图像会加红色减蓝色，减蓝色相当于加黄色（蓝色的补色）。冷调调整：R 通道曲线下压，B 通道上提，图像会减红色加蓝色，减红色相当于加青色（红色的补色）。

▶ 任务实施

（1）执行【图像|调整|曲线】菜单命令，打开"曲线"对话框。

（2）通过对话框中的直方图可以看出，照片亮部和暗部都没有像素分布，像素都集中在中间灰度区域，导致亮部不够亮，暗部不够暗，反差较弱，图像发灰。

（3）分别拖动横坐标上的黑色、白色滑块向中间移动，移到直方图的山脚下，这样压暗了暗部区域，提亮了亮部区域，拓展了图像的亮度范围。

（4）如图 5-14 所示，给曲线上半段和下半段各加一个控制点，分别向上、向下拖动，调整为 S 形，进一步加大反差，提高图像的对比度。如果控制点加得不合适，可以直接拖出方框或者按住 Ctrl 键单击，即可删除该控制点。

（5）整体感觉图像偏暖，如图 5-15 所示，在 R 通道适当下压，B 通道适当上提，做一个减红色加蓝色的操作，将图像向偏冷的方向调整，调整的量根据自己的需要决定。这样图像调整到位，加大了图像的反差，图像的偏色也得到了控制，看上去更加清晰，视觉效果得到了改善，如图 5-12（b）所示。

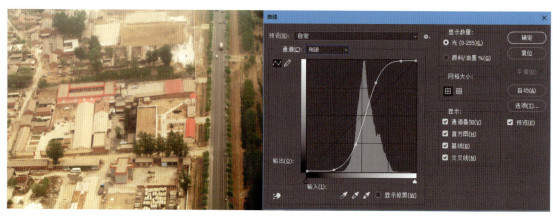

图 5-14 S 形调整提高画面对比度

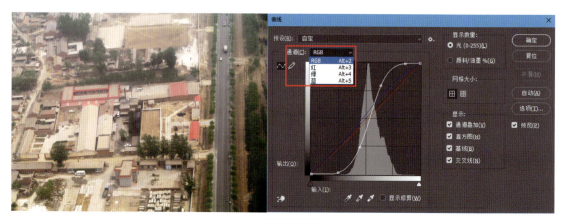

图 5-15 曲线调整调整色彩

5.5 调整图层

任务描述

【调整图层】

使用调整图层功能，对图 5-16（a）进行调整，实现如图 5-16（b）所示的局部彩色效果。

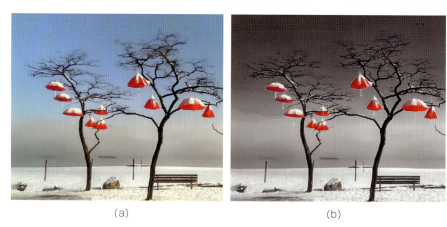

（a） （b）

图 5-16 使用调整图层功能进行局部调色

相关知识

我们刚接触调色的时候，都是先选定一个要调色的图层，执行【图像 | 调整】菜单命令中的一个调色命令，调整满意后单击"确定"按钮，照片随即变成了我们想要的效果，例如用曲线工具将画面调亮，但经过调整的图像，像素已经发生了改变，如果我们又花了很长时间用修复画笔工具去掉不需要的元素，这时发现前面的曲线调整导致有些地方因曝光过度而失去了层次。由于无法在保留修复的情况下去修改更早之前的曲线调整，所以只能退回去重做。

调整图层将图层操作、调整操作和蒙版操作三者完美地结合在一起，可以使得调整图像操作具有更大的灵活性、重复性和特效性。

1. 无损（非破坏性）编辑

调整图层是将原始图像和调整效果分离开来，调整只影响图像的预览，而不改变原图像的原始数据，因此不会对图像造成真正的修改和破坏。调整图层可以任意修改，都不会破坏原始图像。在"图层"面板下方单击相应的按钮调整图层。

2. 操作过程可回溯

调整图层的操作过程可回溯，可以在保留后续操作的情况下修改前面的调整，可随时删除或修改参数，也可以显示或隐藏参数，以方便应用效果或预览效果。

3. 可将调整应用于多个图层

调整图层可以将调整应用于它下面的所有图层，而不必分别调整每个图层。通过在"图层"面板中移动调整图层的位置就可以改变它所影响的图层。

4. 支持选择性编辑

通过剪贴蒙版可控制调整图层作用的图层；通过图层蒙版可将调整应用于图像的一部分进行局部调整；通过蒙版的灰度和控制调整强度；还可以通过图层组来控制调整图层的作用范围。

5. 支持不透明度和混合模式

改变调整图层的不透明度可控制调整图层的强度，修改调整图层的混合模式可创建或改善调整的效果。

任务实施

分析图 5-17 中的图像，这里将图像的整体调为黑白图像，局部保留红色的伞，使它们更加醒目。可以从原图中用色彩范围选取红伞。读者自己尝试用魔棒工具是否可以选取，会发现伞上部分区域覆盖白雪的区域不容易选取。

（1）打开图像，执行【选择 | 色彩范围】菜单命令，用吸管工具在图像中的红伞上单击，按住 Shift 键加选，调整颜色容差，选中红伞区域，被雪覆盖的位置会显示为灰色即半选中状态，可以在选区预览中选择一种模式进行预览，如图 5-17 所示。

（2）勾选"反相"复选项，将选区反转为红伞之外的区域，单击"确定"按钮。

（3）在"图层"面板上单击"创建新的填充或调整图层"按钮，在弹出的菜单中选择"黑白"调整，如图 5-18 所示。

图 5-17 使用色彩范围选中红伞区域

图 5-18 选择"黑白"调整图层

(4) 这时"图层"面板多出来一个"黑白2"调整图层,并弹出黑白"属性"面板,画面变成了局部彩色效果。如图5-19所示,黑白"属性"面板中的各个参数代表了各个颜色在转换为黑白图像时对画面亮度的贡献度,参数值越大,对应颜色的亮度越高。

图 5-19 调整黑白"属性"面板

(5) 这里为了突出红色的伞,将红伞的背景天空进行一定程度的压暗,观察原始画面,天空主要表现为蓝色和青色,所以在"属性"面板中适当减小"蓝色"和"青色"的参数值,也可以使用手形工具在画面中左右拖动，从而改变鼠标小手下方对应原始图像中相应颜色的亮度，如图 5-20 所示。

图 5-20　压暗天空，突出红伞

（6）如果需要对选区，也就是对调整图层的蒙版进行修改，可以在选中蒙版缩览图的情况下，直接用画笔在画面中修改，也可以按住 Alt 键单击蒙版缩览图，这时画面显示为蒙版模式。在蒙版模式中，白色区域为调整起作用的位置，黑色区域为不起作用的位置，灰色区域为起部分作用的位置。可以用画笔工具直接修改蒙版，如用白色画笔将红伞之外的区域涂为白色，如图 5-21 所示，也可以将某个红伞的蒙版涂为白色，让它变为黑白图像。

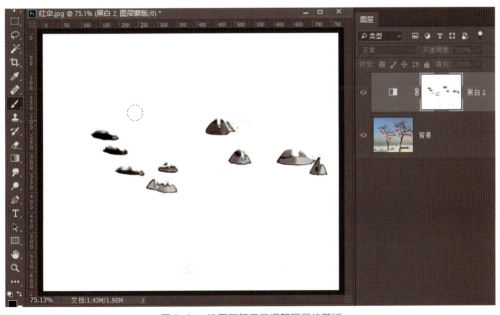

图 5-21　使用画笔工具调整图层的蒙版

(7)蒙版中的灰色区域为部分起作用的位置,也就是说红伞颜色在一定程度上也褪色了,如果想将灰色颜色变得更深,就要使调整尽量不在红伞上起作用,可以用黑色画笔涂抹,也可以使用曲线工具压暗。本例用曲线工具,按快捷键 Ctrl+M,压暗灰色区域,如图 5-22 所示。

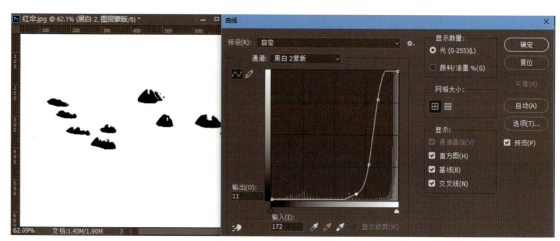

图 5-22　使用曲线工具编辑图层蒙版

(8)在"图层"面板中单击图像缩览图,就可以退出蒙版模式。

(9)在"图层"面板中单击选中蒙版模式时,会显示蒙版"属性"面板,调低面板中的蒙版"浓度"参数值,会降低蒙版中黑色的浓度。也就是说,调整效果会逐渐延伸到原来受保护的区域,对于这里来说,红伞会逐渐褪色,如图 5-23 所示。

图 5-23　修改蒙版属性

(10)在"图层"面板中改变调整图层的不透明度,会削弱该调整图层的调整效果,这里调低不透明度,蓝天会逐渐恢复,如图 5-24 所示。最终效果如图 5-16(b)所示。

图 5-24 修改调整图层的不透明度

5.6 区域调色技术

【区域调色技术】

任务描述

请对如图 5-25（a）所示的草原照片做局部调色，使其达到如图 5-25（b）所示的效果。

(a)

(b)

图 5-25 对草原照片做局部调色

相关知识

著名风光摄影大师安塞尔·亚当斯说："拍摄是谱曲，暗房是演奏。"这句话形象地说明了前期拍摄与后期处理的辩证关系。虽然大师所处的时代是胶片时代，但同样适用于数码摄影。摄影是一门富有创造性的艺术，要把摄影师拍摄时对景物的理解和感动，在后期处理中使用技巧加以强化表达，不仅在画面美感上吸引人，而且在内涵情感上打动人，更好地传达摄影师的理念。

在黑白片时代，安塞尔·亚当斯提出了区域曝光理论，根据要拍摄的主体处在阴影区域还是高光区域，在后期处理中进行适当的曝光。在数码时代，可以延伸这种思路，在 Photoshop 中，利用调整图层加蒙版的方式进行区域调色。

▶ 任务实施

分析图 5-26 所示的照片，通过阴影可以推测该照片为顶光拍摄，而且天空和地面光比很大，造成天空很亮，地面上的景物很暗，因此需要分区域进行调整，通常先进行曝光和反差调整，再进行色彩调整。

（1）打开照片，因为画面中的天空和地面都比较单调，缺乏表现力，因此先对照片进行裁剪，裁剪后的草原看起来更加辽阔，如图 5-26 所示。

图 5-26　裁剪重新构图

（2）调整天空，增加一个曲线调整层，压低曲线，降低照片的曝光度，会增加天空的层次感，为了避免地面受影响，在蒙版中拉出一个渐变曲线，使调整层主要作用在天空区域，并且作用效果为一个渐变，这样不容易有修饰痕迹，如图 5-27 所示。

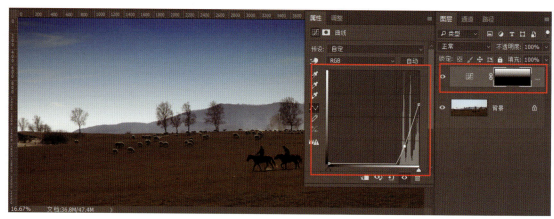

图 5-27　使用曲线调整天空

（3）调整地面，增加一个曲线调整层，拉高曲线，以地面曝光为标准，增加画面的亮度，如图 5-28 所示。

（4）设置前景色为白色，背景色为黑色，按快捷键 Ctrl+Delete，先将蒙版填充为黑色，再选择白色画笔，将画笔"硬度"设置为 0%，"不透明度"设置为 15%，使用较大的画笔在画面中涂抹，但是不需要涂遍整个草地，以便营造光影的变化，如图 5-29 所示。

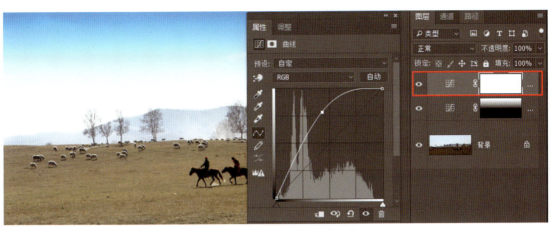

图 5-28　利用曲线调整画面的亮度

图 5-29　营造光影变化

（5）感觉草地的色彩还不够浓郁，再增加一个色相/饱和度调整图层，用手形工具在地面拖动，提高草地的饱和度，金秋的感觉就出来了，如图 5-30 所示；调整图层会对下方的所有图层起作用，由于这里设置了只对黄色提高饱和度，所以天空不受影响，否则整个画面的饱和度都会提高。

图 5-30　提高草地色彩的饱和度

(6) 如果觉得前面的天空处理得不好，可以选中相应的调整图层对其参数和蒙板进行调整，并不影响已经调整好的地面，反之亦然。

(7) 如果觉得人物太暗，可以执行【图像 | 调整 | 阴影 / 高光】菜单命令单独调整，不过这个工具需要直接处理像素，在调整图层中没有这个功能。我们先把前面处理的结果盖印到一个图层再处理。选中最上面一个图层，按快捷键 Ctrl+Alt+Shift+E，将所有效果盖印到一个图层中，如图 5-31 所示。

(8) 对最上面的图层执行【图像 | 调整 | 阴影 / 高光】菜单命令，在弹出的"阴影 / 高光"对话框中调整"阴影"参数，调整时观察画面中的人物，调整到合适即可，如图 5-32 所示。

图 5-31 盖印图层

图 5-32 适当提亮马匹和骑马的人

(9) 调整阴影 / 高光操作会作用于全图，如果想将效果限制在局部区域，添加蒙版，填充黑色，再用白色画笔将局部显示出来，如图 5-33 所示。

【黑白照片上色】

图 5-33 添加蒙版控制"阴影 / 高光"操作的范围

拓展

在摄影界总是有一个争论的话题，照片要不要后期制作？一种观点认为后期制作后的照片会更漂亮；另一种观点认为照片后期制作是有违纪实的初衷，是对所见所得的东西不尊重。这种争论一直持续不断。

其实胶片时代就存在后期制作技术了，加光或减光、追冲、加云、两底接放等都是胶片时代的后期制作技术。在传统摄影时代，摄影师对后期制作就非常重视，为了按照自己的意图全面控制照片的效果，许多摄影师都亲自从事暗房工作。摄影大师安塞尔·亚当斯甚至认为，底片是乐谱，后期制作是演奏，生动地说明了后期制作的重要性。

在 20 世纪 80 年代以前，也就是数码摄影出现之前，学习摄影首先要学会控制曝光，还要学会冲洗胶卷、放制照片，这才算得上一个合格的摄影人；如果能准确地把照片中黑、白、灰各阶影调都表现出来那就是很优秀的摄影师了。

解海龙拍摄的社会纪实摄影专题《希望工程》，改变了千百万贫困孩子的生存状况，堪称中国最重要的纪实摄影作品之一。而这张"大眼睛"照片更是希望工程的标志性影像。在 2006 年的北京华辰秋拍会上，高 51cm、宽 34.8cm 的"大眼睛"以 30.8 万元拍卖成交。

拍摄这张照片使用的是尼康 F3 相机，80—200mm 变焦镜头，柯达 TMY400 黑白胶卷。拍摄时按人物的脸部测曝光，曝光补偿为加 2/3 档。

这张照片的后期制作是由高级暗房师张左完成的，胶卷冲洗时，利用显影液和相纸的特性，在整体曝光的基础上再做局部处理，最终得到曝光层次丰富、主体突出的照片。

图 5-34（a）所示为原始曝光照片，小女孩面部曝光合适，但是课桌与作业本的位置曝光过了，缺少层次；4 个角太亮会吸引走观众的视线，需要把四角的区域压暗；画面右上角女孩的头发部分曝光过了，显得很毛躁，需要降低曝光度。图 5-34（b）为调光示意图，需要注意，这里的"+"号不代表提高曝光度，而是代表增加胶片密度，是降低曝光度。

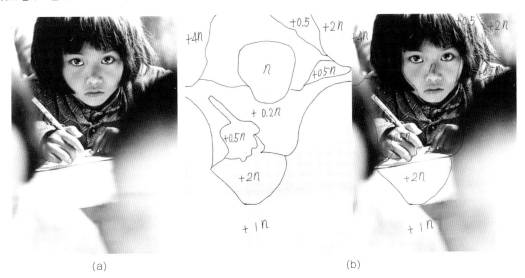

图 5-34 "大眼睛"局部曝光调整

按照示意图调整之后的如图 5-35（a）所示，右上角太暗没有层次了，需要提亮，左下角和右下角还是太亮需要压暗，最终的定稿如图 5-35（b）所示，照片层次丰富，反差适中，前景部分压暗，使影调更深更厚重，以突出画面视觉中心的大眼睛。

(a)　　　　　　　　　　　(b)

图 5-35　"大眼睛"照片调整前后

5.7　色彩空间转换

【色彩空间转换】

任务描述

相机拍摄的原始照片所用的色彩空间是 Adobe RGB，可以将照片输出为两种格式：转换色彩空间为 sRGB，存储为 JPG 格式；转换色彩空间为 CMYK，存储为 TIFF 格式。

相关知识

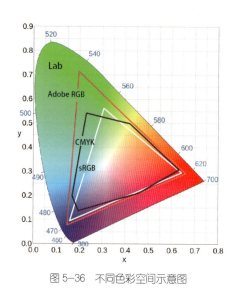

图 5-36　不同色彩空间示意图

1. 色彩空间

自然界的颜色无穷无尽，而我们所能捕捉和显示的颜色十分有限，因此就产生了不同的色彩空间问题。

色彩空间（Color Space）也称色域，即一定的色彩范围，指一个技术系统能够产生的颜色的总和。我们经常用到的色彩空间有 RGB、CMYK、Lab 等，它们都以可见光谱为基础，但分别包含不同的色彩范围。图 5-36 所示为不同色彩空间示意图。从图中可以看到，不同的色彩空间之间可能存在一些彼此不包容的颜色。这些颜色在某一个色彩空间环境中可以被显示或印刷出来，在另一个色彩空间环境中则无法再现出来。

RGB 色彩空间包括 Adobe RGB、Apple RGB、sRGB 等几种，这些 RGB 色彩空间大多与显示设备、输入设备（数码相机、扫描仪）相关联。Adobe RGB 与 sRGB 则是目前数码相机中重要的设置。

2. sRGB

sRGB 色彩空间是美国 HP 公司与 Microsoft 公司于 1997 年共同开发的标准色彩空间

(standard RGB)。由于这两家公司的实力较强，他们的产品在市场中占有很高的份额。虽然 sRGB 能够显示的色彩有限，但它是目前普通设备仪器中应用最广泛的色彩空间，平时个人计算机用的显示器绝大部分都使用 sRGB 色彩空间，一般的看图软件和网络浏览器对图片默认也是按照 sRGB 色彩空间进行解读的。

3. Adobe RGB

Adobe RGB 色彩空间是美国 Adobe 公司于 1998 年推出的色彩空间标准。它拥有宽广的色彩空间和良好的色彩层次表现，因此在专业摄影领域得到了广泛应用。大多数高档数码相机都提供 Adobe RGB 色彩空间，在相机内部就可以设置。

与 sRGB 相比，Adobe RGB 的优点是它包含了 sRGB 所没有完全覆盖的 CMYK 色彩空间。因此，Adobe RGB 在印刷领域也得到了广泛应用。专业摄影师拍照时，会使用 Adobe RGB，这样会给后期处理和印刷带来更大的操作空间。

4. CMYK

与显示器红色（R）、绿色（G）、蓝色（B）三原色不同，分色印刷采用的是青色（C）、品红色（M）、黄色（Y）及黑色（K）四原色。它们构成了油墨印刷中的 CMYK 色彩空间。由于 CMYK 与 sRGB 不完全重合，因此可能导致一些在印刷品中出现的颜色无法在标准显示器中显示，而一些显示在显示器中的颜色无法被印刷出来的问题。在使用时需要注意这些问题。

▶ **任务实施**

1. 转换为 sRGB 色彩空间

原始照片是 Adobe RGB 的色彩空间，在 Photoshop 中会看到正确的颜色，但是在一些网络浏览器和看图软件中，会将图片的数据按照 sRGB 解读，此时看到的图片一般会偏色，颜色暗淡。为了避免出现偏色的情况，需要将色彩空间转换为更通用的 sRGB 空间。

方法一：

执行【编辑|转换为配置文件】菜单命令，弹出如图 5-37 所示的对话框，在对话框中可以看到，该图片的原始配置文件是 Adobe RGB，在"目标空间"下拉列表中选择如图 5-37 所示的选项，其余参保持数默认即可。单击"确定"按钮，这样就完成了色彩空间的转换，在 Adobe RGB 色域的显示器上会看到轻微色差，在 sRGB 色域的显示器上几乎看不到区别。需要注意的是，这时候已经对原始图像的色彩空间进行了转换，最好另存为一个新的文件，不要保存在原文件上，这样可以保留原图像更大的色彩空间。

图 5-37 转换为 sRGB 色彩空间

方法二：

执行【文件 | 导出 | 导出为】菜单命令，在弹出的"导出为"对话框中，可以设置所导出的图片品质、尺寸；"元数据"选项设置为"无"，可以使文件体积进一步减小。勾选"色彩空间"下的"转换为 sRGB"复选项，单击"全部导出"按钮（图 5-38），即可另存为一张新图片。这种方法对原始图像色彩空间没有影响，只影响导出的图片。

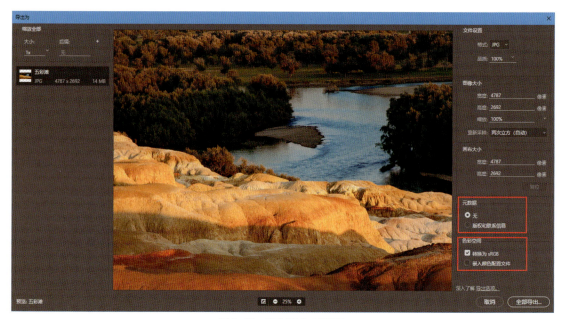

图 5-38 "导出为"对话框

2. 转换为 CMYK 色彩空间

印刷行业使用 CMYK 色域，仅包含使用印刷色油墨能够打印的颜色，比 Adobe RGB 的色域窄很多。当不能打印的颜色显示在显示器上时，称其为溢色——超出 CMYK 色域。如果修图的目的是印刷输出，为了防止与印刷颜色相差太大，需要进行颜色检查和色彩空间转换。不同色域的颜色在相互转换时会因为色域的不同而出现颜色外观上的改变。

（1）执行【视图 | 色域警告】菜单命令，可以查看当前图片中哪些颜色会输出失真，如图 5-39 所示，图片中呈现灰色的区域为 CMYK 色彩空间无法表现的颜色。

（2）执行【视图 | 校样颜色】菜单命令，可以查看当前图像转换为 CMYK 色彩空间后的颜色，一般情况下，出现色域警告的位置，色彩会变得暗淡，其他位置变化不大。这个操作仅供查看，并没有改变图像本身的色彩空间。

（3）可以有两种方法将图像转换到 CMYK 色彩空间。

方法一：执行【编辑 | 转换为配置文件】菜单命令，弹出"转换为配置文件"对话框，如图 5-40 所示，"目标空间"选择一种 CMYK 色彩空间，这要与印刷厂沟通，应使用对方指定的一种 CMYK 色彩空间，单击"确定"按钮。

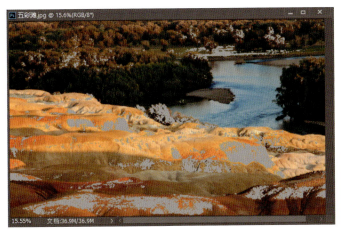

图 5-39 CMYK 色域警告

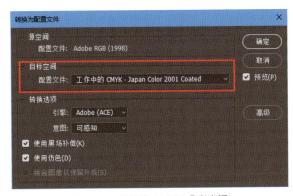

图 5-40 转换为 CMYK 色彩空间

方法二：执行【图像 | 模式 | CMYK 颜色】菜单命令，也可以将色彩空间转换为 Photoshop 默认的 CMYK 色彩空间。通过【编辑 | 颜色设置】菜单命令，可以设置 Photoshop 默认的工作色彩空间。

（4）转换色彩空间后，色彩会有轻微改变，有些原来比较艳丽的颜色会变得暗淡一些。可以在 CMYK 模式下对颜色做进一步调整。在做设计时，如果确定最终目标是做印刷，那么在建立文档时，就选择 CMYK 色彩空间，这样可以保证色彩的正确还原。

（5）执行【文件 | 另存为】菜单命令，选择 TIFF 格式进行保存。与 JPG 格式相比，TIFF 格式是无损压缩，可以保留更多图像细节。

拓展

sRGB 标准应用的范围十分广泛，许多的硬 / 软件开发商都采用了 sRGB 色彩空间作为其产品的色彩空间标准，比如因特网、游戏、应用程序、显示器等，它们都将 sRGB 作为色彩空间标准。大多数普通消费级数码相机也将 sRGB 作为相机内的色域标准，从而使所拍图像在不需要转换的情况下能在显示器或打印机等输出装置中展示其本来面目。而高档数码相机则提供了 sRGB 和 Adobe RGB 两种色彩空间设置，如图 5-41 所示。

图 5-41 相机内的色彩空间设置

在日常摄影中，相机中的 sRGB 和 Adobe RGB 色彩空间该如何设置呢？

一般来说，如果是照片拍摄之后直接在网络分享，优先选择 sRGB 色彩空间；但是 sRGB 色域较小，而 Adobe RGB 比 sRGB 具有更宽的色域，在图像处理和编辑方面有更大的自由度，对以后分色和打印输出有极大的优势和便利性，所以如果需要后期精细调色或者做高质量印刷，优先选择 Adobe RGB。

需要注意的是，由于目前一般的图片浏览器和显示设备几乎是基于 sRGB 工作的，基于 Adobe RGB 色彩空间的照片如果按照 sRGB 空间进行解释，不能得到正确的色彩还原。一般来说，颜色会显得比较暗淡。所以对于 Adobe RGB 色彩空间的照片，在 Photoshop 中调整完之后（Photoshop 中能正确解释各种色彩空间），需要根据用途转换到相应的色彩空间：如果是在显示设备上显示，一般转换到 sRGB 色彩空间；如果要印刷，一般转换到 CMYK 色彩空间。

5.8 颜色设置

当我们用设置的色彩模式拍完照片后，开始在 Photoshop 上修片，有可能碰到这种情况：制作好的色彩艳丽的图片拿到外面彩印出来颜色变得暗淡或者失真，这就涉及在 Photoshop 上使用什么色彩管理系统修片，以及存储照片时色彩转化的问题。

精确、一致的色彩管理要求所有的颜色设备具有准确的、符合 ICC 规范的配置文件。例如，如果没有准确的扫描仪配置文件，一个正确扫描的图像可能在另一个程序中显示不正确，这只是由于扫描仪和显示图像的程序之间存在差别。这种产生误导的表现可能使您对已经令人满意的图像进行不必要的甚至是破坏性的"校正"。利用准确的配置文件，导入图像的程序能够校正任何设备差别并显示扫描的实际颜色。

色彩管理系统使用以下几种配置文件。

显示器配置文件：描述显示器当前还原颜色的方式。因为只有在显示器上准确地查看颜色，才能在设计过程中正确地选择颜色。如果在显示器上看到的颜色不能代表文档中的实际颜色，则将无法保持颜色的一致性。

输入设备配置文件：描述输入设备能够捕捉或扫描的颜色。如果数码相机可以选择配置文件，建议选择 Adobe RGB。否则，请使用 sRGB。

输出设备配置文件：描述输出设备（如桌面打印机或印刷机）的色彩空间。色彩管理系统使用输出设备配置文件将文档中的颜色正确映射到输出设备色彩空间色域中的颜色。输出配置文件还应考虑特定的打印条件，如纸张和油墨的类型，光面纸能够显示的颜色范围与雾面纸不同。多数打印机驱动程序附带内置的颜色配置文件。

文档配置文件：定义文档的特定 RGB 或 CMYK 色彩空间。通过为文档指定（或标记）配置文件，应用程序可以在文档中提供实际颜色外观的定义。例如，R=127、G=12、B=107 只是一组不同的设备会有不同显示的数字。但是，当使用 Adobe RGB 色彩空间进行标记时，这些数字指定的是一种实际颜色。Adobe 应用程序根据"颜色设置"对话框中的"工作空间"选项，自动向新文档分配一个配置文件。没有相关配置文件的文档被认为"未标记"，只包含原始颜色数。处理"未标记"的文档时，Adobe 应用程序使用当前工作空间配置文件显示和编辑颜色。

在 Photoshop 中可以进行色彩管理，执行【编辑|颜色设置】菜单命令，打开"颜色设

置"对话框，如图5-42所示，对话框中有"设置""工作空间""色彩管理方案""转换选项""高级控制"五大项。

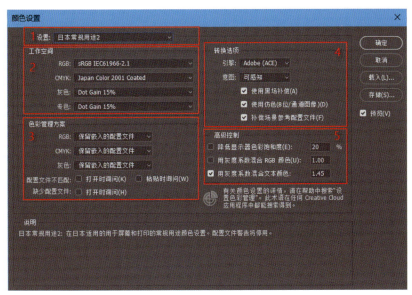

图5-42 "颜色设置"对话框

"设置"选项内包含十多种选项，如图5-43所示。无论选哪一种都决定着后面其他4项的选择。一旦选定除"自定"选项以外的任何一项，后面的"工作空间""色彩管理方案""转换选项""高级控制"可以不选，系统将自动默认。

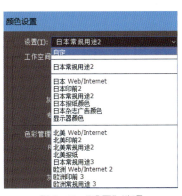

图5-43 "设置"选项

"设置"的默认项是"日本常规用途2"，它的色彩空间是sRGB，一般的打印、激光输出等选此项就可以了，但需要注意的是，它不适合用于处理RAW格式和Adobe RGB色域拍摄的照片；比较专业的选择是"北美印前2"，它的色彩空间是Adobe RGB（色域比sRGB要宽阔）。所谓"印前"只是一种称谓，并非仅针对印刷。假如我们在"设置"中选的是"自定"选项，那么后面的选项就可以进行个性化设置。

1. 工作空间

工作空间包括RGB、CMYK、灰色、专色4项，是Photoshop的色彩工作核心。

（1）RGB。

RGB 选项确定应用程序的 RGB 色彩空间。一般来说，最好选择 Adobe RGB 或 sRGB，而不是特定设备的配置文件（如显示器配置文件）。在为 Web 准备图像时，建议使用 sRGB，因为它定义了用于查看 Web 上图像的标准显示器的色彩空间。在处理来自家用数码相机的图像时，sRGB 也是一个不错的选择，因为大多数此类相机都将 sRGB 作为其默认色彩空间。

在准备打印文档时，建议使用 Adobe RGB，因为 Adobe RGB 的色域包括一些无法使用 sRGB 定义的可打印颜色（特别是青色和蓝色）。在处理来自专业级数码相机的图像时，Adobe RGB 也是一个不错的选择，因为大多数此类相机都将 Adobe RGB 作为默认色彩空间。Adobe RGB 比 sRGB 拥有更宽广的色域。

（2）CMYK。

CMYK 选项确定应用程序的 CMYK 色彩空间。CMYK 是用于印刷的一种设置，又叫四色设置 [C（青色，Cyan），M（品红色，Magenta），Y（黄色，Yellow），K（黑色，Black），黑色为区别蓝色用 K]。所有 CMYK 工作空间都与设备有关，这意味着它们基于实际油墨和纸张的组合。最好是能安装印刷厂的色彩配置文件（ICC），安装路径是：C:\Windows\system32\spool\driver\color。在不知道印刷厂 ICC 的情况下，选择 U.S.Web Coated（Swop）v2 可以覆盖国内多数厂家使用的文件。如果是打印输出，在 Photoshop 打印设置中，将"颜色处理（N）"设置为"打印机管理颜色"，可以较好地处理色彩的真实再现问题，如图 5-44 所示。

图 5-44　Photoshop 打印设置

（3）灰色。

灰色模式用来确定程序的灰度色彩空间。

（4）专色。

专色模式的用途是控制专色通道的灰度效果，选用时应该按照印刷公司的实际数据来决定，如果不能获取印刷公司的实际数据，针对欧洲和日本油墨，可参考使用 Dot Gain 15% 的参数值；针对北美油墨，可参考使用 Dot Gain 20% 的参数值。

2. 色彩管理方案

色彩管理方案的作用是设定色彩空间自动转换、提示和警告等，包括RGB、CMYK、灰色3项。每个选项下拉框中都有"保留嵌入的配置文件""转为工作中的""关"3个选项。

"保留嵌入的配置文件"是指调色操作按图片原来设定的色彩模式进行。例如，原照片被设置的色彩模式是 Adobe RGB，而 Photoshop 工作色彩空间 RGB 设置的是 sRGB 模式，勾选此复选项后，Photoshop 的调色操作将按 Adobe RGB 处理而不受设置的工作色彩空间影响。一般慎重起见，都设定为"保留嵌入的配置文件"。

"转为工作中的"是指将照片自带的色彩空间转换到 Photoshop 中指定的色彩工作空间。由小的色彩空间向大的色彩空间转换时，一般色彩不会损失；当大的色彩空间向小的色彩空间转换时，根据转换方法不同，会丢失一部分色彩信息。

"关"是指直接将照片中的色彩信息按照工作空间的色彩模式进行解释，如果原色彩空间与工作空间不一致时，往往会有比较明显的色彩偏差。

3. 转换选项

转换选项包括"引擎"和"意图"两项内容。

（1）引擎。

引擎指不同软件之间色彩空间转换时用的颜色匹配方法，包括3种选择："AdobeICE""MicrosoftICM"和"AppleColorsynic"。在 Adobe 软件之间使用应选择"AdobeICE"。

（2）意图。

当一个大的色彩空间向一个小的色彩空间转换时，超出小的色彩空间色域的颜色如何处理，就叫作"意图"。

"意图"有4个选项："可感知""饱和度""相对比色"和"绝对比色"。

①"可感知"：旨在保留颜色之间的视觉关系，以使人眼看起来感觉很自然，尽管颜色值本身可能有改变。本方法适合存在大量超出色域外颜色的摄影图像。这是日本印刷行业的标准渲染方法。

②"饱和度"：尝试在降低颜色准确性的情况下生成逼真的颜色。这种渲染方法适合商业图形（如图形或图表），此时明亮饱和的颜色比颜色之间的确切关系更重要。

③"相对比色"：比较源色彩空间与目标色彩空间的最大高光部分并相应地改变所有颜色。超出色域的颜色会转换为目标色彩空间内可重现的最相似的颜色。与"可感知"相比，相对比色保留的图像原始颜色更多。这是北美和欧洲印刷行业的标准渲染方法。

④"绝对比色"：不改变位于目标色域内的颜色。超出色域的颜色将被剪切掉。不针对目标白场调整颜色。本方法旨在在保留颜色之间关系的情况下保持颜色的准确性，适用于模拟特定设备输出的校样。此方法在预览纸张颜色如何影响印刷颜色时特别有用。

一般选择"可感知"。因为其更能表现原来的色彩关系。

4. 高级控制

高级控制包括"降低显示器色彩饱和度"和"用灰度系数混合RGB颜色"两项。

① 降低显示器色彩饱和度：确定在显示器上显示时按指定的色量降低色彩饱和度。选中本选项时，有助于呈现色彩空间的整个范围。但是，这会使显示器的显示与输出不匹配。当取消选中本选项时，图像中不同的颜色可能显示为同一颜色。

② 用灰度系数混合 RGB 颜色：控制 RGB 颜色如何混合在一起生成复合数据（例如，当使用"正常"模式混合或绘制图层时）。当选中本选项时，RGB 颜色在符合指定灰度系数的色彩空间中混合。灰度系数 1.00 被认为是"比色校正"，所产生的边缘应当非常自然。当取消选中本选项时，RGB 颜色直接在文档的色彩空间中混合。

第 6 章　Adobe Camera RAW

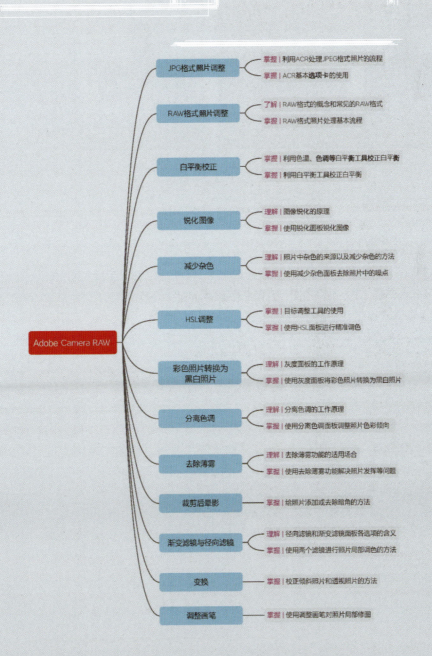

Adobe Camera Raw（简称 ACR）是一款强大的图像处理工具，现在已经集成为 Photoshop 的一个滤镜，是摄影师处理照片的利器。

6.1 JPG 格式照片调整

【JPG 格式照片调整】

任务描述

ACR 将调整影调的工具集成在一个面板中，不仅可以调整整张照片的曝光，还可以根据照片中不同亮度的区域分别进行调整。本任务将使用 ACR 调整如图 6-1（a）所示的逆光照片，弥补主体曝光不足，达到如图 6-1（b）所示的效果。

(a)　　　　　　　　　　　　　　　　　(b)

图 6-1　调整逆光照片

相关知识

1. Adobe Camera RAW

Adobe Camera Raw 可以处理不同数码相机生成的 RAW 文件，在 Photoshop CC 之后，已经成为 Photoshop 的一个滤镜，可以方便调用，大部分调整可以在 ACR 中"一站式"完成，而且效果非常出色。

2. 使用 ACR 调整影调

如图 6-2 所示，ACR"基本"选项卡右侧的中间区域为影调调整区域。根据亮度不同，将图像中的像素分为黑色、阴影、高光、白色 4 个不同区域，可以对照片中不同亮度的区域分别调整。

▲自动：单击"基本"选项卡的色调控件部分顶部的"自动"按钮时，ACR 将分析图像，并自动对影调控件进行调整；单击"默认值"按钮，恢复初始值。也可以按住 Shift 键双击控件的滑块，单独对每个控件应用自动设置；直接双击滑块，可以恢复该控件的默认值。可以用自动设置作为调整的影调的工作起点。

▲曝光：用于调整整体图像亮度，同时影响照片的暗部、中间调和亮部。相当于在相机上使用光圈来控制曝光度，调整为 +1.00，类似于将光圈开大一档；调整为 -1.00，类似于将光圈减小一档。

图 6-2 Adobe Camera Raw 的"基本"选项卡

▲对比度：用于调整图像的明暗反差。增加对比度，明暗反差拉大，中间调会变得更通透，但是亮部和暗部的层次被压缩；减小对比度，明暗反差变小，图像往往会发灰。

▲高光：用于调整图像的亮部区域。对于图 6-2，受影响的是天空和水中的高光区域，向左拖动滑块，天空变暗，云彩的层次变得更丰富；向右拖动滑块，可使天空变得更亮。

▲阴影：用于调整图像的暗部区域。对于图 6-2，受影响的主要是远山。向左拖动滑块，使暗部变得更暗；向右拖动滑块，可使暗部变亮，并恢复部分阴影中的细节。

▲白色：用于调整画面中最亮的区域。向左拖动滑块可减少最亮区域的亮度；向右拖动滑块可增加最亮区域的亮度。调整时，注意观察 ACR 右上角的直方图，最亮区域位于直方图的右端，以直方图接近右端并且不被裁剪为基本原则。

▲黑色：用于调整画面中最暗的区域。向左拖动滑块可使更多的阴影转化为黑色，向右拖动滑块可增加最暗区域的亮度。调整时，注意观察 ACR 右上角的直方图，最暗区域位于直方图的左端，以直方图接近左端并且不被裁剪为基本原则。

▶ **任务实施**

图 6-2 主要想拍早晨的朝霞，但对于建筑物来说正好是逆光拍摄，导致曝光不足。如果单纯提高曝光度，会导致天空曝光过度而丢失层次，不可取。ACR 可以根据亮度分区域进行调整此照片。

（1）执行【滤镜|Camera Raw 滤镜】菜单命令，打开"ACR"面板，多数情况下，可以通过单击"自动"按钮，获得一个不错的调整起点。但是为了增强对图像的理解，下面以手动调整为例进行说明。

（2）分析图像，我们调整的最终目标是让亮部有层次、暗部有细节。通过右上角的直方图可以看出，图像已经跨越了从最亮到最暗的所有区域，所以"曝光""黑色""白色"的参数基本不需要调整。需要调整的主要是天空（高光部分）和建筑（阴影部分）的层次。

(3) 调整"高光"的参数,观察对天空层次的影响,为了更好地表现早晨的氛围,可以适当减小"高光"的参数值。

(4) 调整"阴影"的参数,观察对建筑物的影响,适当增大"阴影"的参数值,恢复暗部的细节。如果调整到最大值仍然亮度不够,可以增大"曝光"参数值。由于曝光影响了全图,包含了亮部区域,所以还需要微调"高光"的参数进行修正,如图6-3所示。

图6-3 基本调整后的逆光照片

(5) 当暗部提亮时,会发现有很多噪点,需要降噪。噪点主要有两种:一种是该像素点与周围像素颜色一样但是亮度不同,称为明亮度噪点;另一种是颜色变异,称为颜色噪点。在"细节"选项卡,找到"减少杂色"标签,调整相应的滑块,减少杂色。调整时注意观察画面,如果参数值过大,会降低画面的锐度,产生涂抹感,如图6-4所示。

(6) 所有调整并没有唯一的标准,最终目的是取悦人的眼睛。已经调整过的任何一个参数也都可以再次调整。满意之后,单击"确定"按钮,调整完毕。如果该照片使用单反相机拍成RAW格式,后期在ACR中调整,可以保留更多的细节,可调整余地更大。

图 6-4 逆光照片降噪

 拓展

在 ACR 中进行修图时，借助图 6-5 中的几个辅助工具，可以提高工作效率。

图 6-5 ACR 辅助工具

1. 缩放与查看图像

（1）在图 6-6 左侧框中区域，单击其中按钮，可以对当前处理的图像进行放大缩小。

（2）与在 Photoshop 中一样，按住 Alt 键，使用鼠标滚轮可以缩放图像。

（3）使用工具栏中的缩放工具，在画面中向左拖动为缩小，向右拖动为放大图像。

图 6-6 ACR 中的缩放工具

（4）按住空格键，可以临时切换到抓手工具，拖动画面查看图像。

2. 对比原图与效果图

注意：这里说的原图不一定是最开始在 ACR 中打开的图像，因为图 6-7 中的第二、第三个按钮都可以重新定义原图。

图 6-7　ACR 中的对比工具

（1）第一个按钮："原图与效果图"视图对比按钮，单击这个按钮，分别在原图与效果图进行上下全图对比与上下分割对比、左右全图对比与左右分割对比之间来回切换。

（2）第二个按钮："切换原图与效果图"，单击这个按钮，照片会在原图与效果图之间进行切换，当前显示的图像被当作效果图像，而原效果图像被当作原始图像。该功能一般用作对比处理效果，使用时，单击查看原图，再次单击回到效果图像。

（3）第三个按钮："将当前设置复制到原图"，单击这个按钮时会把当前处理效果复制到原图上，即原图会变为当前处理的效果，这时原图与效果图会一致。

（4）第四个按钮："仅为显示的面板切换当前设置和默认值"，即单击之前右侧的调整面板为当前设置值，单击后显示当前面板的默认值。可以用该按钮清除当前面板产生的效果，也可以当作当前面板效果的一个开关使用，用来对比使用当前面板前后的效果。

3. 撤销操作

（1）按快捷键 Ctrl+Z，在当前效果与上一步操作之间来回切换。

（2）按快捷键 Ctrl+Alt+Z，可以一直向前撤销上一步的操作，恢复操作是按快捷键 Ctrl+Shift+Z。

（3）单击"仅为显示的面板切换当前设置和默认值"按钮，可以撤销当前面板的操作。

（4）按住 Alt 键的时候，"取消"按钮变为"复位"按钮，单击可以恢复到刚打开时的状态。

4. 确定操作

单击"确定"按钮可以进入 Photoshop 界面中进行进一步修饰，但是如果再次进入 ACR 界面时，会发现原来的所有设置都没有保存，如果想要在 ACR 中保存所有的修改，那么应该在进入 ACR 前将图层变成智能对象，这样 ACR 就变成了智能滤镜，如图 6-8 所示。退出之后如果要再次进入 ACR 修改，只需双击"图层"面板中对应的智能滤镜即可，可以看到原来设置的参数都还在。

图 6-8　ACR 智能滤镜

6.2 RAW 格式照片调整

【RAW 格式图片调整】

任务描述

图 6-9（a）是佳能 5D Mrak2 拍摄的 RAW 格式照片，文件扩展名为 .cr2，在 ACR 中适当调整曝光和饱和度并裁剪，效果如图 6-9（b）所示。

(a)　　　　　　　　　　　　　　　(b)

图 6-9　调整 RAW 格式照片

相关知识

RAW 是单反数码相机所生成的未经处理的原始格式照片，也称"数字底片"。由于 RAW 格式照片比 JPG 格式照片容纳了比拍摄景物更大的亮度范围，所以文件体积也更大，但是普通的显示设备只有将 RAW 格式的照片转化成 JPG 格式之后才能正常显示。将 RAW 格式照片转为 JPG 格式，既可以通过设定相机内部的处理器转化，也可以在后期图像处理软件中转化，后期处理可以给照片带来更多的可操控性。

照相机品牌和型号不同，它们输出的 RAW 格式也不同。佳能相机 RAW 格式的扩展名为 .crw、.cr2；尼康相机 RAW 格式的扩展名为 .nef。

任务实施

使用 ACR 处理 RAW 格式照片与处理 JPG 格式照片流程不同。对于图 6-9（a）所示的实例照片，主要还是平衡画面的亮部区域与暗部区域。

（1）在 Photoshop 中打开 RAW 格式照片时，会自动启动 ACR 并加载图像，这时的软件界面与加载 JPG 格式图像时略有不同。

（2）如图 6-10 所示，在"基本"选项卡中，单击"自动"按钮，系统会自动分析画面，设置"曝光"参数，用户可以在系统自动设置之后的基础上进行微调。注意，这里的"自动"按钮只对曝光相关的参数起作用。

（3）观察图 6-10 右上角的直方图，右侧出现红色三角，代表高光部分，红色通道溢出，向左拖动"曝光"滑块或者"白色"滑块，直到红色三角变为黑色。它们的区别是"白色"滑块只影响最亮的部分对应画面中阳光照射到红橙色区域，"曝光"滑块影响全图，在此例中，压低天空亮度要拖动"曝光"滑块，调整"曝光"参数。

（4）向左拖动"高光"滑块，进一步降低天空的亮度。

（5）如图 6-11 所示，向右拖动"自然饱和度"滑块，强化氛围，让冷暖对比更加强烈。自然饱和度与饱和度的区别在于：自然饱和度是优先提高饱和度相对较低的颜色；饱和度则是整体提高画面饱和度与原来饱和度高低无关。一般来说，自然饱和度调整相对比较安全。

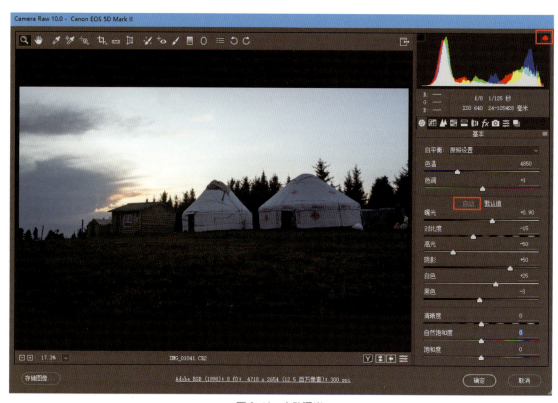

图 6-10 自动曝光

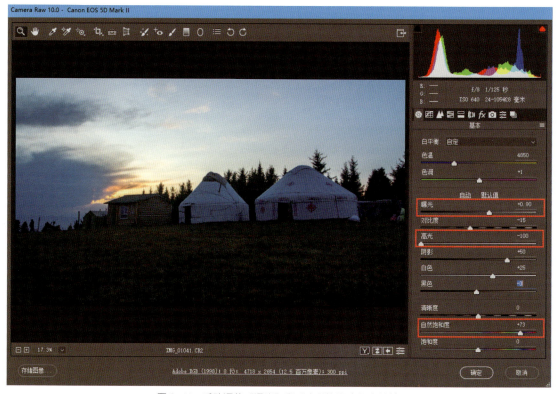

图 6-11 手动调整"曝光"和"自然饱和度"参数值

（6）观察画面，在帐篷右侧有很多杂物，下方地面很空，没有表现力，所以要对画面做适当调整。在上方工具栏中选中裁剪工具，对画面做裁剪，如图 6-12 所示。注意，只有处理 RAW 格式图像时这里才出现裁剪工具，处理 JPG 格式图像时没有该工具。

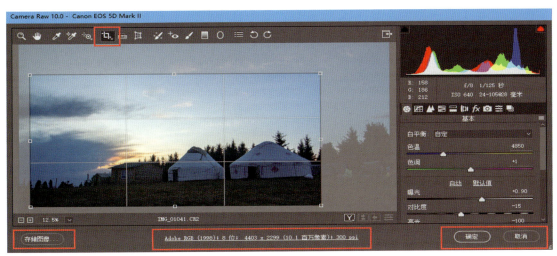

图 6-12 裁剪画面

（7）裁剪完成后，如果直接单击图 6-13 窗口右下角的"完成"按钮，会退出 ACR，并在原始 RAW 格式文件旁边，多出一个扩展名为 .xmp 的文件，所有在 ACR 中的操作都存储到了这个 XMP 文件中，而对原始 RAW 文件不做任何改动；XMP 文件存储的是对图像修改的描述文件而不存储图像数据，一般很小，只有几 KB，下次打开这个 RAW 格式文件时，如果有这个 XMP 文件，则打开的是上次处理后保存的效果状态，如果这个文件被删除或者不存在，打开的 RAW 格式文件只能是拍摄时保存的原始状态。

图 6-13 ACR 下方按钮

（8）如果要存储为通用的 JPG 格式，可以单击图 6-13 左下角的"存储图像"按钮，在弹出的"存储选项"对话框中选择保存位置、文件类型，特别注意选择"色彩空间"为"sRGB IEC 61966-2.1"，如图 6-14 所示。因为该照片拍摄时的色彩空间为 Adobe RGB，拥有较宽的色域，但是大部分图片查看器和网络浏览器都是按照 sRGB 色域对图片进行解释。因此，如果不做色域转换，用普通浏览器查看，色彩显示是不准确的，一般来说会略微发灰，色彩变淡。

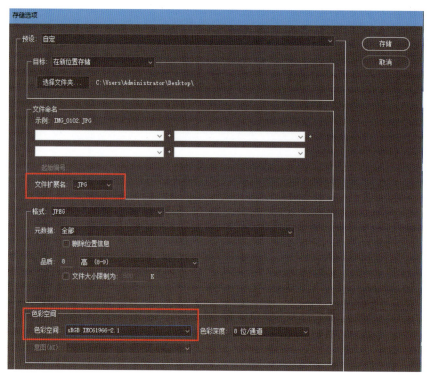

图 6-14 "存储选项"对话框

（9）如果需要在 Photoshop 中进一步编辑，可以直接单击图 6-13 右下角的"打开图像"，变为 Photoshop 中的一个普通图层继续编辑，如果需要再次进入 ACR，可以通过添加 ACR 滤镜进入，但是最初在 ACR 的参数设置没有记忆；也可以按住 Shift 键，此时"打开图像"按钮变成"打开对象"按钮，单击该按钮之后，变成 Photoshop 中的一个智能对象，可以随时通过双击再次进入 ACR，回到原来在 ACR 中编辑时的状态。Photoshop 中编辑完成后，需要转换颜色空间，执行【编辑 | 转换为配置文件】菜单命令，在对话框中的"目标空间"中选择"sRGB IEC 61966-2.1"，如图 6-15 所示，单击"确定"按钮之后，保存文件。

图 6-15 "转换为配置文件"对话框

6.3 白平衡校正

任务描述

【白平衡校正】

如图 6-16（a）所示，在美术馆展厅拍摄的照片，由于展厅灯光原因，照片偏蓝，导致身后的美术作品基调偏冷。本任务要求使用 ACR 修正照片的偏色，效果如图 6-16（b）所示。

(a)　　　　　　　　　　　　　　(b)

图 6-16　校正偏色照片

相关知识

1. 色温

色彩与光学和人的生理反应相关，是一个很复杂的问题。简单来说，不同光源含有的光谱成分是不同的，比如早晨的阳光偏暖，光谱中含的红光成分较多；日光灯偏冷，光谱中含有的蓝光成分较多。

简单地理解色温，就是颜色或色彩的温度。在自然界的光线里面，我们把光线从暖调到冷调进行划分，让暖调或冷调有一个量的标准，而这个标准用 K 作为单位。K 决定的色温标准由物理学家洛德·开尔文创立。色温原理是将热量转化为光能释放出来时，随着温度的变化，光谱的颜色也不同。自然光和人工光源对应的色温大致如图 6-17 所示。

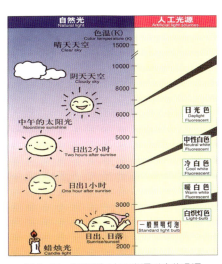

图 6-17　自然光与人工光源对应的色温

2. 固有色

物体在不同光谱的光源下，反射光线成分不同，导致颜色也不一样。我们把正午日光称为标准光源，把标准光源下物体的颜色称为物体的固有色。

不同色温的光源，光谱不同，物体反射的颜色与其固有色相比，会有一定的偏差。但是人眼具有独特的适应性，比如在钨丝灯下待久了，并不会觉得钨丝灯下的白纸偏红，如果突然把钨丝灯改为日光灯照明，就会感觉到白纸的颜色偏红了。

3. 白平衡

所谓白平衡就是让图像在不同的光源下，都能还原物体本身的颜色。最通俗的理解就是让白色所成的像依然为白色，如果将景物的"白"还原为照片中的"白"，那其他景物的影像就会接近人眼的色彩视觉习惯。

数码相机可以通过影像传感器（CCD 或 CMOS）接收大量的图像信息，但传感器本身却是"色盲"。这就是需要为数码相机设立"白平衡"功能的原因。白平衡设置就是数码相机对当前光线的色温进行设定，使其根据当前光源对所获取的图像信息做内部调整，以抵消光源带来的偏色。

因为 RAW 图像是获取的 CMOS 上的原始信息，如果拍摄时设置的是 RAW 格式图像，白平衡设置只做记录，对 RAW 图像本身不起作用，可以在后期用软件修图时重新调整白平衡。

4. 创造性地使用白平衡

运用不同的白平衡设置，同样的景物会呈现完全不同的色彩和画面气氛，所以应创造性地使用白平衡，这里追求的不是客观的还原，而是创作者主观的个人倾向，以达到创作的目的。当想让画面偏暖时，在相机的白平衡中设置较高的色温值，相机会认为当前光源为冷色调，而在相机内部处理时向暖色调进行调整。反之，当想让画面偏冷时，在相机的白平衡中设置较低的色温值。图 6-18 所示就是摄影师根据需要使用白平衡营造的不同光线氛围。

图 6-18　使用白平衡营造的不同光线氛围

▶ 任务实施

在 Photoshop 中打开如图 6-16（a）所示的照片。

（1）执行【滤镜|Camera Raw 滤镜】菜单命令，打开 ACR 面板。

（2）按照常识判断，展厅的墙应该是白色，也就是说墙上的像素点固有色应该是 R、G、B 分量相等。使用颜色取样器工具在图像中的白墙上单击，显示颜色信息是 R：208、G：222、B：242。根据参数值可知，该像素点偏蓝偏青，由此可以判断整个画面偏蓝偏青。

（3）选择白平衡工具在该点单击，该点的颜色信息变为 R：236、G：238、B：237，也就是说 RGB 值基本相等，此处不再偏色，在校正此处颜色的同时，整个画面的颜色得到了校正。这种方法最关键的是找到图像中不应该有偏色的一点。此时，在 ACR 右侧区域"基本"选项卡的白平衡标签中，"色温"和"色调"的参数值也发生了变化。

（4）虽然白平衡得到了校正，但是感觉人物背后的美术作品有些发白，层次不够丰富。由于作品的亮度范围主要处在高光区域，所以可以减小"高光"参数值，拓展高光的层次。

（5）美术作品中的深色部分颜色不够深，减小"阴影"参数值。

（6）适当增大"清晰度"参数值，可以加大画面中的局部反差。

（7）增大"自然饱和度"参数值，可以在保护人物肤色的情况下，提高相对不够饱和的颜色的鲜艳度，提高美术作品的饱和度。如图 6-19 所示，白平衡校正完成。

图 6-19　白平衡校正完成

6.4　锐化图像

【图像锐化】

任务描述

锐化图像可以让图像整体显得更加清晰，或者使图像局部更加突出。下面将图 6-20（a）

中的人像转为黑白效果，并锐化图像，突出老人的沧桑感，效果如图 6-20（b）所示。

(a)   (b)

图 6-20　人像照片的锐化

相关知识

在"细节"选项卡中，有一组参数是用来锐化图像的，锐化图像是为了突出图像上物体的边缘、轮廓或某些目标要素的特征，也称为边缘增强。

1. 数量

为了深刻理解锐化数量调整的本质，我们将图 6-21 作为锐化测试图，其背景是一个渐变色，立方体的 3 个面有不同的灰度，可以更直观地看到参数变化对画面的影响。

如图 6-22 所示，"数量"用于调整边缘的清晰度。锐化本质上是用明暗线条来勾勒边缘，边缘相对亮的一侧勾勒亮边，相对暗的一侧勾勒暗边，使边缘对比更加强烈。"数量"调整的是勾边的明暗对比度。如果参数值为 0，则关闭锐化。按住 Alt 键拖动滑块，可以观察锐化强度的变化。实际调整时，可以先将参数值调到最大，看到明显的锐化效果，再减小到合适的参数值。

图 6-21　锐化测试图

2. 半径

"半径"用于调整勾边的宽度。根据需要锐化对象的大小来调整。对象尺寸较小，一般设置较小的参数值；对象尺寸较大，一般设置较大的参数值，可以勾较宽的边，但使用的半径太大有时也会产生不自然的外观效果。按住 Alt 键拖动滑块，可以观察锐化时勾边的宽度变化。

图 6-22 锐化"数量"与"半径"调整

3. 细节

"细节"用于调整在图像中锐化多少高频信息和锐化过程强调边缘的程度。设置的参数值较小时，主要锐化尺寸较大的边缘，以消除模糊；设置的参数值较大时，主要锐化尺寸较小的边缘，有助于使图像中的纹理更清晰。按住 Alt 键拖动滑块，可以观察锐化强调的部位。这里用一张肖像照截图做测试，图 6-23（a）为原图，图 6-23（b）中增大细节的参数值，皮肤的质感纹理更清晰。

图 6-23 锐化"细节"调整

4. 蒙版

"蒙版"参数决定多大反差的相邻像素边界可以被锐化处理，而小于此反差值就不做锐化，避免因锐化处理而导致画面中的小反差的噪点被强化而看到明显的斑点。如图 6-24 所示，按住 Alt 键拖动滑块，可以观察锐化强调的部位，当参数值调大时，锐化只发生在大反差的物体边缘。

图 6-24 锐化"蒙版"调整

5. 清晰度

从纯视觉的角度来说，画面的冲击力来自明暗对比，增强对比度会使图像更有视觉冲击力，使用曲线调整可以调整图像的整体反差。通过图 6-25 可以看到，增大"清晰度"参数值，在明暗交界的两侧分别产生一个光晕，在暗区是一个暗晕影，在亮区是一个亮晕影，使物体的结构更加清晰，晕影的宽度是系统根据图像内容自适应的。可以理解为前面"细节"调整中使用了很大的"半径"和较小的"数量"进行的锐化调整。

图 6-25 增大"清晰度"参数值

相反，减小"清晰度"参数值，如图 6-26 所示，画面变得朦胧，边缘模糊不清。

图 6-26 减小"清晰度"参数值

如果对肖像照进行减小"清晰度"参数值的操作，可以起到柔化皮肤的作用，如图 6-27 所示。

图 6-27 减小"清晰度"参数值

总之,锐化参数调节既要更好地再现图像细节,又不能产生新的麻烦,比如斑点和麻点。如果是一个有经验的设计人员,还可以根据图像内容进行适当的局部锐化以达到特殊的艺术效果。

▶ 任务实施

(1)对图像进行裁剪,让主体人物更加突出,为了便于将来修改,需使用智能滤镜。在图层上单击鼠标右键,在弹出的菜单中选择"转换为智能对象",如图 6-28 所示。

图 6-28 转换为智能对象

(2)执行【滤镜 | Camera Raw 滤镜】菜单命令,或者使用快捷键 Ctrl+Shift+A,进入 ACR 界面。

(3)如图 6-29 所示,选择"HSL/ 灰度"选项卡,勾选"转换为灰度"复选项,在上方的工具栏中选中目标调整工具,在画面中人物的脸上向右拖动,提高面部亮度,突出人物,也可以在窗口中拖动相应颜色的滑块来调整亮度。

图6-29 转换为黑白照片

（4）如图6-30所示，在"基本"选项卡中适当增大"清晰度"参数值，使人物面部结构更加清晰。

图6-30 增大"清晰度"参数值

（5）如图6-31所示，在"细节"选项卡中调整"锐化"参数值，强化皮肤的纹理质感和皱纹的雕刻感。

图 6-31 调整"锐化"参数值

(6) 如图 6-32 所示,在"效果"选项卡中减小"裁剪后晕影"中的"数量"参数值,使环境变暗,突出主体。

图 6-32 减小"裁剪后晕影"参数值

(7) 单击"确定"按钮,因为是智能滤镜,所以可以随时返回上一步修改参数值。

(8) 如果觉得面部反差不够大,可以使用面板中的手形工具,在面部亮的区域向上拖动进一步提亮,在暗区域向下拖动进一步压暗,增大面部反差。因为当前的操作影响的是全图,如果只想让操作效果集中在面部,不影响背景,则编辑蒙版控制作用区域即可,如图 6-33 所示。

图 6-33　增大面部反差

（9）模拟黑白胶片照片效果，在画面中增加一些颗粒感，选中"图层 0"，执行【滤镜｜杂色｜添加杂色】菜单命令，在弹出的"添加杂色"对话框中选择"高斯分布"单选按钮，勾选"单色"复选项，如图 6-34 所示。

图 6-34　给画面增加颗粒感

6.5　减少杂色

【减少杂色】

任务描述

如图 6-35（a）所示的照片中有很多噪点，通过 ACR 可以减少照片中的杂色，即对画面降噪，处理后的照片如图 6-35（b）所示。

(a)   (b)

图 6-35 减少照片中的杂色

相关知识

杂色会降低图像的品质，它包括明亮度杂色和颜色杂色，前者使图像呈颗粒状，后者使图像颜色看起来不自然。

大多数照片杂色的产生，是因为在较暗的环境中拍摄时使用了较高的感光度，给画面带来了颗粒和噪点。高感画面的纯净度是数字相机性能的重要指标之一，随着数字相机生产厂家技术的提高，高感下噪点的控制做得越来越好，但仍然做不到完全避免，很多情况下需要后期进行降噪处理。

任务实施

（1）打开图像，执行【滤镜|Camera Raw 滤镜】菜单命令，或按快捷键 Ctrl+Shift+A。

（2）切换到"细节"选项卡，如图 6-36 所示，在下方的"减少杂色"面板中调节相关参数。

（3）增大"明亮度"参数值，观察画面，适当控制参数值，减少明亮度差异的杂色，如果参数值过大，会降低画面整体清晰度，有较强的涂抹感；按住 Alt 键时，图像以黑白的方式显示，更容易显示明亮度噪点降低的情况。

（4）观察演奏者面部会发现面部细节有损失，适当增大"明亮度细节"参数值，找回一部分损失掉的细节；该参数值越大，保留的细节就越多，但同时也会带来较多的杂色。

（5）经过上面处理后，主体的明暗反差可能会减小，可以调整"明亮度对比"参数值。参数值越大，保留的对比度就越高，但可能会产生杂色的花纹或色斑；参数值越小，产生的结果就越平滑，但也可能使对比度减小。

（6）增大"颜色"参数值，控制降低彩色杂色的强度。

（7）"颜色细节"可以找回部分损失掉的颜色细节。它的参数值越大，色彩边缘越整齐、细节越多，但可能会产生彩色颗粒；参数值越小，越能消除色斑，但可能会损失颜色细节。

（8）"颜色平滑度"可以使颜色过渡更加自然。它的参数值越大，产生的画面效果越平滑，但可能会降低色彩的饱和度。

（9）降噪后一般会使图像的清晰度有所下降，可以适当控制锐化的"数量""细节""蒙版"的参数值，注意不要带来新的噪点。

图 6-36 减少杂色与锐化调整

6.6　HSL 调整

【HSL 调整】

任务描述

如图 6-37（a）所示为原图，处理图像，通过调整树叶的颜色，制作绚烂秋天和冬天雪景，效果如图 6-37（b）和图 6-37（c）所示。

(a)　　　　　　　　　(b)　　　　　　　　　(c)

图 6-37　使用 HSL 调色

相关知识

1. HSL 色彩模式

HSL 色彩模式是工业界的一种颜色标准，HSL 使用了 3 个分量来描述色彩，与 RGB 使用的三色光不同，HSL 色彩的表述方式是 H（Hue）色相、S（Saturation）饱和度和 L（Lightness）明度。通过 3 个分量的变化及它们之间的相互叠加来得到各种颜色。

我们对色彩的认识往往是这样的："这是什么颜色？深浅如何？明暗如何？"这种认识是基于人类的主体感官而形成的，并不是基于反射光的物理性质。与 RGB 色彩模式相比，HSL 色彩模式对色彩的表述方式非常友好，符合人类对色彩的感知习惯。

ACR 中的 HSL 调整，可以针对 3 个分量进行调整，它比执行【图像|调整|色相饱和度】菜单命令调整更细腻、更灵活。

2. 目标调整工具

如图 6-38 所示，ACR 上方工具栏中第 5 个工具为目标调整工具，单击该工具，有 5 个选项。

图 6-38 目标调整工具

这些工具是不能单独使用的，需要与功能面板配合使用，当选择下拉菜单中的"参数曲线"时，右侧会自动打开"色调曲线"选项卡的"参数"面板，在画面中拖动该工具与在面板中调整对应参数的效果一样，如鼠标指针下方对应画面中的高光区域，左右拖动工具，可以调整画面中高光区域的亮度。

选择下拉菜单中的"色相""饱和度""明亮度""灰度混合"选项时，右侧面板会自动打开"HSL/灰度"选项卡的相应面板，在画面中拖动该工具与在面板中调整对应参数的效果一样，但操作会更加直观。

当不选择下拉菜单中的选项时，该工具默认为"参数曲线"，调整画面亮度；如果在右侧已经切换到前面所提的操作面板时，"目标调整工具"会自动切换到对应选项。例如，当前如果是"饱和度"面板，那么"目标调整工具"自动成为"饱和度"模式。

任务实施

（1）打开图像，执行【滤镜|Camera Raw 滤镜】菜单命令，或按快捷键 Ctrl+Shift+A。

（2）切换到"HSL/灰度"选项卡，因为要营造绚烂秋天的气氛，在"色相"选项卡中，将绿色、黄色、橙色的滑块向左拖动，颜色向暖色调偏移；在"饱和度"选项卡中，调整对应的橙色、黄色、绿色的饱和度。注意，这里调整的颜色区域是图像原始的颜色区域，也就是说做上一步色相调整之前对应的颜色区域，如提高橙色的饱和度，调整的区域原始颜色为橙色，但是因为做了上一步色相调整，会发现画面中红色区域（原来的橙色区域）饱和度提高如图 6-39（a）所示；在"明亮度"选项卡中，调整相应颜色的亮度，如图 6-39（b）所示；效果如图 6-39（c）所示。

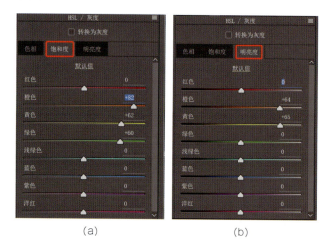

(a)　　　　　　　　　(b)

(c)

图 6-39　调整"色相"和"饱和度"

（3）如果要营造冬天雪景氛围，调整目标是将树叶调整为像雪一样的亮白色，在"饱和度"选项卡中，将相应颜色的参数值调到最小，同时在"明亮度"选项卡中将相应颜色的参数值调到最大，如图 6-40 所示。

（4）如果前面的调色不想对建筑物产生影响，可以参考前面章节中的方法，使用蒙版控制调色范围。

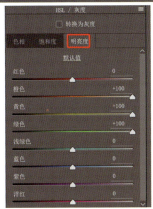

图 6-40 调整"饱和度"和"明亮度"

6.7 彩色照片转换为黑白照片

 任务描述

将图 6-41（a）所示的彩色照片，通过 ACR 转换为如图 6-41（b）所示的黑白照片。

【彩色照片转换为
黑白照片】

(a) （b）

图 6-41　将彩色照片转换为黑白照片

相关知识

我们现在拍摄的照片基本都是彩色照片，但有时候场景的颜色比较繁杂，不能突出主体。当画面中的颜色并不是主要因素，而画面中的明暗细节很丰富时，转换为黑白照片往往会更有表现力。比如人像特写或者阴天时拍摄的风景照片，都可以尝试转换为黑白照片。

一张好的黑白照片应该有合适的对比度和丰富的黑白细节。当使用 Photoshop 将彩色照片转为黑白照片时，可以控制各种颜色转换为灰色调时的亮度，来得到摄影师需要的对比度。

任务实施

（1）打开如图 6-40（a）所示的图像，进入 Camera Raw，切换到 "HSL/ 灰度" 选项卡，勾选 "转换为灰度" 复选项，系统按默认值将各种颜色转换为一定的灰度，如图 6-42 所示。

图 6-42　转换为灰度的默认效果

（2）分析图像，如果想增加蓝天和白云的对比度，需要压暗天空的蓝色。调整的时候，可以拖动面板中对应的颜色滑块，更简单的方法是使用上方工具栏中的目标调整工具，直接在画面中对应位置拖动，向左拖动可以压暗鼠标指针下方对应的颜色区域，向右拖动可以提亮鼠标指针下方对应的颜色区域，拖动时注意观察画面中各部分的亮度对比，如图 6-43 所示。

图 6-43　调整各种颜色的参数

（3）这时，天空中的云彩得到了突出，但是飞机与背景明度接近，不够突出，可以用目标调整工具调整飞机的亮度，使之与背景明度有较大的反差，如图 6-44 所示。

（4）压暗天空的时候，由于加大了灰度跨度范围，使得原来色彩的差异被放大，出现了明显的色阶断裂，表现在画面上，天空出现了分层。切换到"细节"选项卡，调整"减少杂色"中的各项参数，以减少画面中的噪点，如图 6-45 所示。这里重点调整的是"颜色"和"颜色平滑度"参数，需要注意的是，这里调整的对象实际上是原始彩色画面。

（5）胶片时代的黑白照片，由于制作工艺的原因，画面中有明显的颗粒感，在数字图像时代，可以增加颗粒模拟胶片的质感，有复古的感觉。切换到"效果"选项卡，调整"颗粒"中的各项参数。"数量"用于控制颗粒的强度，参数值越大，颗粒越明显；"大小"用于控制颗粒的大小；"粗糙度"用于控制颗粒的粗糙与细腻程度，参数值越小，颗粒越均匀，参数值越大，颗粒随机感越强，如图 6-46 所示。具体应根据画面效果的需要进行调整。

图 6-44 调整飞机的亮度

图 6-45 调整"减少杂色"中的参数降噪

图 6-46 增加颗粒模拟胶片的质感

6.8 分离色调

【分离色调】

任务描述

通过 ACR 分离色调功能，处理图 6-47（a）所示的浮雕图像，强化画面中的光感和冷暖对比度，效果如图 6-47（b）所示。

（a） （b）

图 6-47 增强光感和冷暖对比度

相关知识

ACR 中第五个调整面板是分离色调工具，分为 3 个部分、5 个调整滑块，从上到下依次为高光 – 色相、高光 – 饱和度、平衡、阴影 – 色相、阴影 – 饱和度。这里以黑白渐变图像为例，来看调整滑块的作用。

如图 6-48 所示，面板上方是高光控制区，下面的"色相"和"饱和度"滑块决定了在图像高光部分加入的颜色。拖动"色相"滑块，选择一个橙黄色调，不过这时图像没有什么变化。向右拖动"饱和度"滑块，图像的高光和中灰区域添上了一层橙黄色调，"饱和度"参数值越大，添加的色彩浓度越大。

图 6-48　分离色调中高光影响的范围

如图 6-49 所示，阴影调整和高光类似，也有"色相"和"饱和度"两个滑块。移动阴影的"色相"和"饱和度"滑块，可以给图像的阴影和中间调区域加上相应的色彩。这里调整"色相"滑块到一个品红色调，提高饱和度，阴影部分就染上了一层品红色调。

要注意的是，色调分离中的"高光"和"阴影"滑块，都会影响到图像的中间调区域，所以中间调区域最终显示为两种颜色的混合色。

"分离色调"面板中间的"平衡"滑块决定了图像中添加的高光色调和阴影色调的比例。默认的"平衡"参数值为 0，表示两种色彩势均力敌。如果把"平衡"滑块往右移动，高光添加的橙黄色调的控制范围会越过中间调向阴影区域扩展，反之亦然。

可以看出来，无论是调节高光还是阴影，参数的调节的效果就是直接给像素进行着色。调节色相可以更改高光或者阴影的颜色，调节饱和度可以调节所施加的这个颜色的浓度。当饱和度越高，颜色就越浓，对原来颜色的覆盖也就越深。而"平衡"参数区分哪些部分是高光和阴影，影响对高光或者阴影调节的比例。

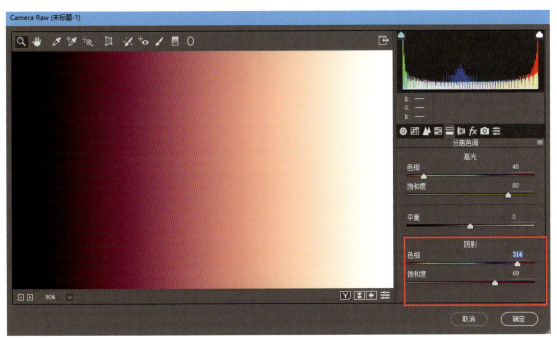

图 6-49　分离色调中高光与阴影共同作用的效果

在理解了色调分离的作用之后，可以看到，色调分离进行调节后，饱和度越高，画面的色调就越统一，高光和阴影一共两种色彩，也可以给高光和阴影同一个色彩倾向，所以色调分离功能更能使图像形成统一的色调，而不会因为色彩过于繁杂而显得杂乱没有重点。色调分离功能能够使一批图片的色调统一，让一组图片看起来更像是一个系列作品。色调分离也能够使图片具有风格化。当在色调分离中使用了很高的饱和度，图像色彩数会减少，有时更具有艺术性的视觉效果。

当人在观赏照片时，我们总是更倾向于色彩更加统一的画面。这也正说明了为什么尽管现在已经进入了数码时代，但是胶片，以及胶片滤镜仍然这么受欢迎。因为胶片具有一定的色调分离的效果，不同品牌、不同型号的胶片对色彩的诠释都有不同的倾向，因此才会这么受欢迎。

在色调分离调节时，尽管"色相"滑块位于上方，但是建议先将高光和阴影的饱和度拖拽到一个较大的值，比如 50。这样的好处是可以先预览即将调整的颜色对画面的影响效果。然后再去给高光和阴影部分选择合适的色相。当色相调整好后，再将饱和度调节到合适的范围。

▶ 任务实施

（1）打开如图 6-46（a）所示的图像，进入 Camera Raw，在"基本"选项卡中，增大"对比度"参数值，增大"亮度"的反差；增大"阴影"的参数值，增加阴影区域的细节；适当增大"清晰度"的参数值，使画面更加清晰，如图 6-50 所示。

（2）如图 6-51 所示，切换到分离色调卡片，现在被阳光直射的部位呈现暖色调，且相对较亮；未被太阳直射的位置相对较暗，色调为中性。为了突出画面的冷暖对比，高光区域选择一个红橙色调，阴影区域选择一个蓝青色调，调整"平衡"滑块，控制冷暖色调的作用区域。

图 6-50 增大图像反差

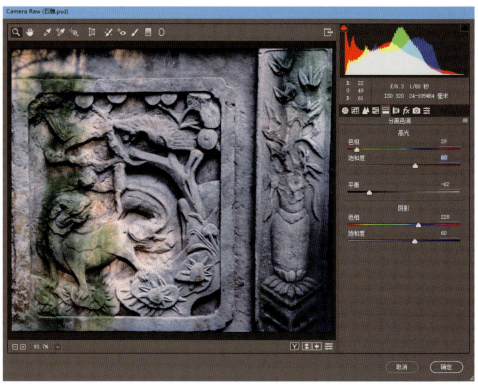

图 6-51 分离色调增强冷暖对比

6.9 去除薄雾

任务描述

【去除薄雾】

如图 6-52（a）所示为在飞机上拍摄的照片，因为隔着舷窗玻璃，并且空气中有雾霾，导致拍摄的照片严重发灰，对比度低且色彩暗淡，经过去除薄雾处理之后如图 6-52（b）所示。

(a) (b)

图 6-52 去除薄雾

相关知识

由于各种原因，会拍到一些发灰的照片，画面感觉不够通透，ACR 中的"去除薄雾"功能非常强大，在很多情况下，可以增大图像反差、提亮色彩、增强层次感、调整锐度，快速改善图像。

1. 去除照片中的薄雾

图 6-53（a）中的晨雾导致远处的景物不清楚。"去除薄雾"功能能够消除雾气，增强远景的清晰度，如图 6-53（b）所示。系统自动分析图像，针对画面中对比度弱的区域，自动提升对比度和饱和度，这也是该命令名称的由来。因为是针对局部区域调色，所以单纯使用曲线调整实现不了该功能。

(a) (b)

图 6-53 用"去除薄雾"消除雾气

2. 减轻空气透视造成的照片发灰

空气透视是由于大气及空气介质（雨、雪、烟、雾、尘土、水汽等）使人们看到近处的景物比远处的景物浓重、色彩饱满、清晰度高等的视觉现象。如图 6-54（a）所示，拍摄的远景画面发灰，通过图 6-54（b）右上角的直方图可以看出景物对比度不够，利用 ACR 中的"去除薄雾"功能处理后，照片变通透，色彩更艳丽，提升了色彩的丰富度和照片层次感。

(a)　　　　　　　　　　　　　　　　(b)

图 6-54　减轻空气透视造成的照片发灰

3. 去除照片中的雾霾

如图 6-55 所示，"去除薄雾"功能可以减轻雾霾，使画面变得更加通透，需要注意在画面中雾霾重的地方会出现杂色，还需要使用去除杂色功能净化画面。

图 6-55　去除照片中的雾霾

4. 改善发灰的逆光照片

如图 6-56 所示，逆光拍摄时，镜头吃光，造成画面发灰，"去除薄雾"功能可以改善画面。

图 6-56　改善发灰的逆光照片

▶ 任务实施

(1) 打开图 6-52 (a) 所示的图像, 进入 Camera Raw, 如图 6-57 所示, 在"效果"选项卡中, 将"去除薄雾"下的"数量"参数值设置为 80, 画面的对比度增强, 变得更加清晰。

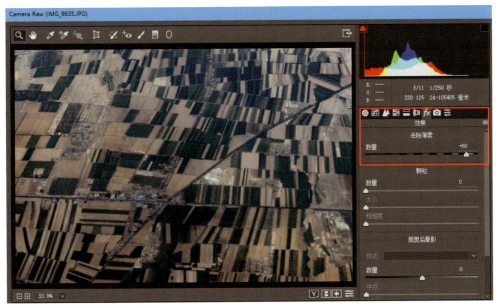

图 6-57 航拍照片去除薄雾后的效果

(2) 通过图 6-58 右上角的直方图可以看出, 画面偏暗且对比度不够。切换到"色调曲线"选项卡, 在"点"面板中, 将曲线的右上角向左拖, 直到该点在底边的投影接近直方图的最右侧"山脚"处。然后在左侧曲线上再加两个点, 做 S 形调整, 增加画面的对比度。

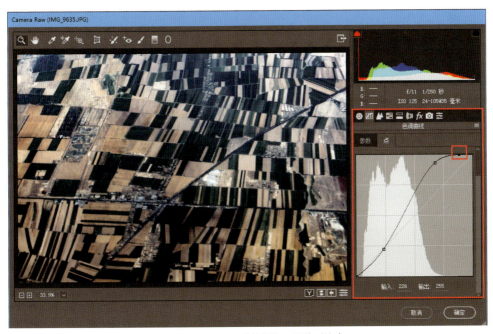

图 6-58 调整色调曲线增加画面的对比度

（3）此时图像的饱和度还不够，切换到"HSL/灰度"选项卡，在"饱和度"面板上，调整色彩较暗淡的颜色的饱和度。这里主要是提高橙色和黄色的饱和度。还可以根据需要和个人偏好调整"色相"和"明亮度"的参数值，如图 6-59 所示。

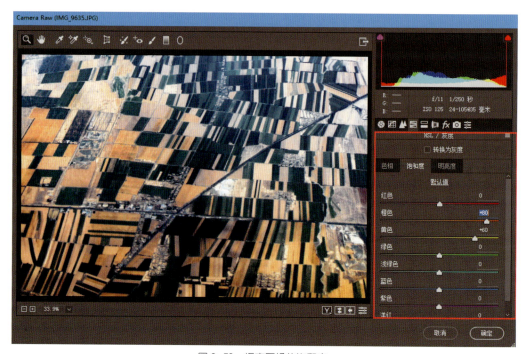

图 6-59　提高图像的饱和度

6.10　裁剪后晕影

【裁剪后晕影】

 任务描述

给照片加暗角是引导读者注意力方向的常用手法。图 6-60（a）所示为原图，图 6-60（b）所示为加暗角后的效果，会使读者视线更加集中在牛身上。

(a)　　　　　　　　　　　　　　(b)

图 6-60　给照片加暗角

相关知识

1. 暗角的出现与去除

暗角指拍摄亮度均匀的场景时，画面四角却出现扇形向外延伸的渐暗区域。这种出现在照片四角亮度降低的现象，专业术语称为"失光"。对于光学镜头来说，都会或多或少地出现暗角，尤其采用广角大光圈拍摄时容易出现。如果照片暗角现象比较严重，可以在 ACR 的"镜头校正"选项卡中去除，如图 6-61 所示。

(a)

(b)

图 6-61 在"镜头校正"中去除照片暗角

2. 裁剪后晕影

有时候出于艺术需要（如引导读者的视线），可以主动在画面边缘添加暗角或亮角。在 ACR 中可以使用"裁剪后晕影"功能为照片制造暗角或亮角，并可以设置添加晕影的数量、大小、圆度等参数，而且剪裁后，这些设置依然会应用在裁剪后照片的边缘。但需要注意的是，在 ACR 中，只有 RAW 格式的照片才会显示裁剪工具，JPG 格式的照片不显示裁剪工具。

任务实施

打开图像，进入 Camera Raw，使用裁剪工具裁剪图像，在"效果"选项卡中，找到下方的"裁剪后晕影"功能，根据需要设置各项参数，如图 6-62 所示。

▲样式：控制晕影与原始图像混合的模式，有"高光优先""颜色优先"和"绘画叠加"3 种模式，选择不同的模式试验一下效果，选择你最喜欢的即可。

▲数量：控制亮度。当参数值是 0 时，其他所有的选项都无法设置，也没有任何明暗变化；当参数值为正值时，是亮角；当参数值为负值时，是暗角。

▲中点：暗角的覆盖区域。参数值越小暗角范围越大，参数值越大则暗角范围越小，这个选项的默认值是 50，这样比较自然，暗角的范围大小适中。调整时可以暂时将"羽化"参数值设置为 0，这样观察得更清楚。

▲圆度：控制暗角形状。该参数值为 0 时，暗角是椭圆形的；该参数值为负数时，暗角趋于方形；为正值时，暗角趋于圆形。根据需要来选择形状，比如在方形构图照片中要使用较大参数值，让暗角更圆。

▲羽化：控制暗角和正常区域的过渡程度。它的初始值是 50，当参数值为 0 时边缘非常明显，如相框一般；当参数值为 100 时过渡很不明显，一般设置在 50～80 之间，效果比较自然。

▲高光：该参数只有在"样式"选项为"高光优先"时才有效，控制的是在暗角范围内高光部分的亮度。默认参数值为 0。从 0 调向 100 时，处于暗角区域的高光会被逐渐恢复，而暗角区域的阴影部分基本不变化，暗角区域的明亮对比度加大。

注意，无论裁剪框大还是小，所有参数都会在裁剪后的图像上产生影响。

图 6-62 "裁剪后晕影"各项参数的设置

6.11 渐变滤镜与径向滤镜

【渐变滤镜与径向滤镜】

🔸 任务描述

图 6-63（a）为街头拍摄的小酒馆的照片，由于上方的天空很亮，酒馆内部空间较暗，视线很容易被吸引到上方去。通过局部的曝光调整，将读者的视线吸引到酒馆内部，如图 6-63（b）所示。

（a）　　　　　　　　　　　　（b）

图 6-63　使用渐变滤镜与径向滤镜调整照片局部曝光

🔸 相关知识

工具栏中的渐变滤镜与径向滤镜都是进行局部调色的方式，它们的调整与基本面板的功能很相似，只是作用范围受滤镜绘制的区域限制，并且在调色区域与未调色区域之间有一个柔和的过渡边缘。在一幅画面中，可以使用多个渐变滤镜和径向滤镜，而且各自调整的参数和范围互相独立。

🔸 任务实施

（1）在"图层"面板中，在背景图层上单击鼠标右键，将图层转换为智能对象，进入 ACR，这时是一个智能滤镜，退出 ACR 时会保存所有修改参数。

（2）在 ACR 工具栏中，选择渐变滤镜，这时右侧的面板变为"渐变滤镜"面板，如果是第一次使用，所有参数应该为默认值，滑块都在中间。如果以前使用过，参数为上次使用时的设置，这时需要单击面板右上方如图 6-64 所示的按钮，在弹出的菜单中选择"重置局部校正设置"，复位所有的滑块。

（3）要想压暗天空，应调整"曝光"参数，但是现在不知道曝光应该降低多少合适，可以估测一个值，比如向左拖动滑块，降低 1.5 档曝光。

（4）如图 6-64 所示，在画面中天空的位置自上而下拖拽，如果需要保持竖直可以按住 Shift 键。这时拉出一个工字形，起点为绿色，终点为红色，两条直线互相平行，起点和终点之间的连线即为鼠标拖动的轨迹，它垂直于起点和终点。起点处的直线为绿色，该线外侧的所有区域完全受滤镜控制；终点处的直线为红色，该线外侧的区域完全不受滤镜控制。两条直线之间的区域从绿线到红线之间，产生一个从完全受控制到完全不受控制的渐变。起点和终点可以根据需要任意拖动位置。

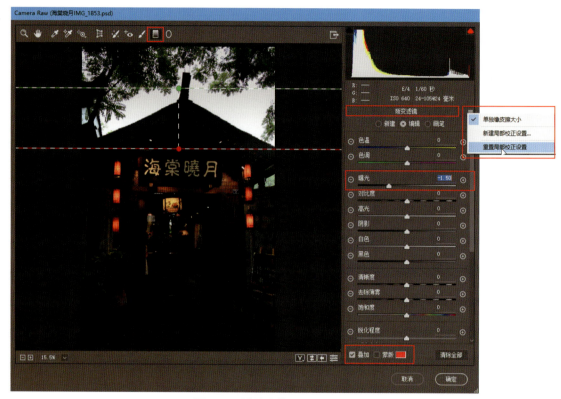

图 6-64 "渐变滤镜"面板的参数设置

（5）在"渐变滤镜"面板中，可以通过调整参数来修饰画面，所有参数都可以调整。为了让天空呈现为太阳下山后的蓝调时刻，可以将色温调到最左端。

（6）下方的"叠加"复选项，可以控制渐变滤镜的显示与隐藏（未勾选时，看不到滤镜所在位置，但是滤镜依然起作用）；"蒙版"复选项可以控制渐变蒙版的显示与隐藏，显示蒙版可以清楚地看到滤镜的作用范围和作用强度，而隐藏蒙版可以查看滤镜作用后的效果；可以通过"蒙版叠加颜色"按钮设置蒙版的颜色；这里勾选"叠加"和"蒙版"复选项。

（7）如图 6-65 所示，选中"渐变滤镜"面板中的"画笔"单选按钮，并在下方设置画笔参数，默认是"减选区"模式，按住 Alt 键可以临时切换为"加选区"模式，在画面中的蒙版区域绘制，可以在渐变蒙版的基础上调整选区，这里如果我们不想让降低曝光度的操作影响到房子，使用画笔擦除房子上的蒙版部分。

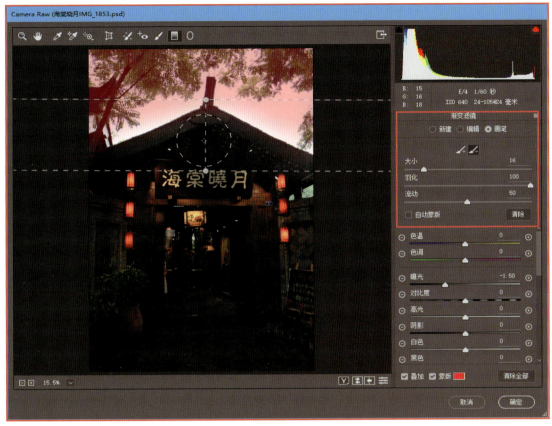

图 6-65 使用画笔编辑渐变蒙版

（8）如图 6-66 所示，切换到"编辑"单选按钮，可以继续根据需要修改参数，在该面板的最下方有一个"范围遮罩"选项，可以通过这里的设置，进一步编辑蒙版。在其下拉列表中选择"明亮度"，下面的"亮度范围"滑块可以控制蒙版被限制的亮度区域。将滑块向右滑动，可以观察到蒙版覆盖范围的变化，蒙版从原来覆盖的深色区域退出，而天空处于最亮的区域，所以其上的蒙版几乎没有变化。这样，降低曝光度的调整主要影响较亮的天空区域。

（9）如图 6-67 所示，在"范围遮罩"下拉列表中选择"颜色"，用旁边的吸管工具在蒙版覆盖的区域吸取颜色，与吸取位置颜色近似的区域保留蒙版，其余位置取消蒙版。使用吸管时，可以按住 Shift 键连续点击，扩大选取范围。注意，这里的"范围遮罩"选项只能有一个起作用，根据需要进行设置，本例可以设置为"无"。

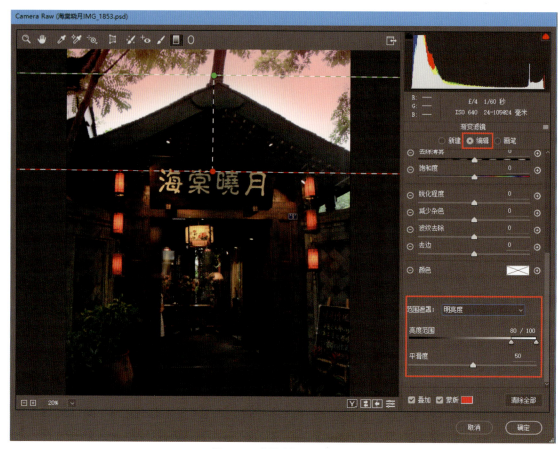

图6-66 范围遮罩——明亮度

图6-67 范围遮罩——颜色

（10）渐变滤镜可以添加多个，选中"新建"选项，可以在画面中添加新的渐变滤镜，需要注意的是新建渐变滤镜的调整参数默认延续上一个滤镜的参数，一般需要按照第（2）步的方法，重置参数后再绘制新滤镜。画面中存在多个渐变滤镜的时候，可以通过点击起点或者终点，来使对应的滤镜获得焦点并编辑，也可以将不再需要的滤镜直接删除（按Delete键）。在本例中只使用一个渐变滤镜即可。

（11）为了提亮酒吧内部的亮度，使用一个径向滤镜。在工具栏中选中"径向滤镜"，右侧的面板自动变为"径向滤镜"面板。如果面板的参数不在初始位置，单击右上角的按钮，在弹出的菜单中选择"重置局部校正设置"，将参数复位，如图6-68所示。

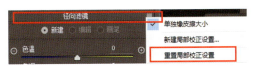

图 6-68　重置局部校正设置

（12）因为目的是将酒吧内部提亮，可以向右拖动"曝光"滑块，提升 1.5 档曝光，后期这些参数均可再次调整。

（13）如图 6-69 所示，在画面中门的位置拖拽出一个椭圆形区域，可以看到区域内的亮度已经得到提高，可以根据需要进一步调整"径向滤镜"面板中的参数。

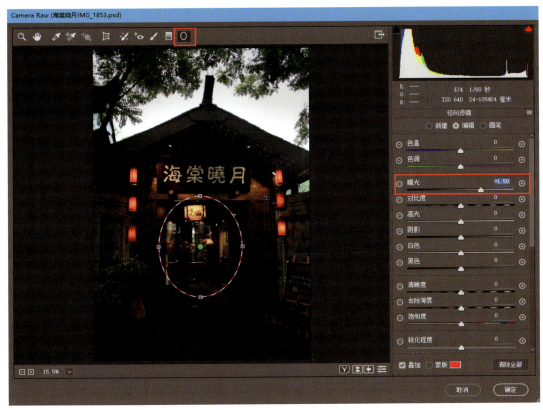

图 6-69　绘制径向滤镜

（14）如图 6-70 所示，勾选面板下方的"蒙版"复选项，可以看到该操作影响到的范围，蒙版覆盖的范围即影响区域，绿点所在位置为作用中心点，虚线所在的位置作用强度为 50%，在虚线位置内外产生过渡区域，过渡区域的宽度可以通过"羽化"值调整；"效果"选项中的"外""内"分别对应椭圆区域外侧和椭圆区域内侧；既可以通过画笔工具来编辑蒙版，也可以通过"范围遮罩"选项来控制蒙版范围；"清除全部"按钮可以清除所有径向渐变的滤镜，万一误操作了，可以通过按快捷键 Ctrl+Z 返回。

（15）根据需要，可以随时通过上方的工具栏在渐变滤镜和径向滤镜之间进行切换，编辑、增加或者删除滤镜。

（16）如果不是修改局部，而是需要对全图进行调整，则切换回工具栏中的缩放工具，则右侧面板恢复为"基本"面板。

（17）修饰完成之后，单击右下角的"确定"按钮。

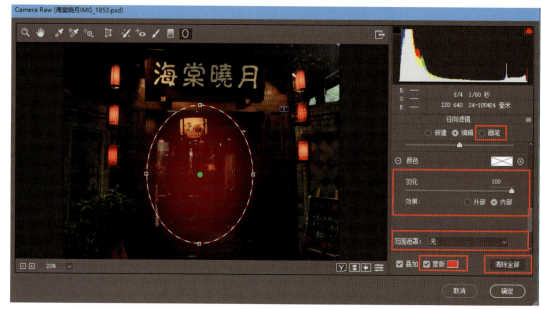

图 6-70 "径向滤镜"面板的参数设置

6.12 变换

【变换】

任务描述

在翻拍物体时，如书画作品、证书等，如果不能垂直于物体中心拍摄，就会形成透视，如图 6-71（a）所示。通过后期校正透视处理，效果如图 6-71（b）所示。

（a）

（b）

图 6-71 校正透视问题

相关知识

ACR 工具栏中的变换工具，功能十分强大，主要用来校正照片中水平方向、垂直方向及透视方面的平衡问题，对照片中地平线、海平面、建筑物垂直、垂直与水平进行校正，校正之后，往往需要配合裁剪工具，裁剪掉边缘的穿帮区域。

1. 变换子工具

在 ACR 工具栏中单击变换工具，界面右侧会出现"变换"面板，如图 6-72 所示，面板上方一共有 6 个子工具，从左至右依次为关闭、自动、水平、纵向、完全、通过使用参考线。

图 6-72 "变换"面板

▲关闭：关闭后面 5 个工具刚进行的操作，实际上就是返回操作。

▲自动：ACR 自动判断照片的透视问题并进行调整，即应用平衡透视校正。

▲水平：应用水平校正，即在水平方向进行校正，自动查找明显的横向线条，帮助恢复水平，如图 6-73 所示。

图 6-73 水平校正

▲纵向：应用水平和垂直透视校正，即在横和纵两个方向查找线条，帮助恢复水平和垂直，如图 6-74 所示。

图 6-74　垂直校正

▲完全：对整体水平方向、垂直方向和横向、纵向进行校正。

▲通过使用参考线：通过手动绘制两条及以上参考线来进行校正。

2. 单项调整工具

在子工具下方有 7 个调整项，在前面校正的基础上，可以继续用这个面板上的各个单项来进行调整，字面意思很明确，不再赘述。

3. 辅助功能

▲网格：勾选后，照片上会出现网格，可以通过后面的滑块来调整网格的大小。通过网格的纵横线作为参考来进行校正。

▲叠加：显示与隐藏参考线。

▲放大镜：可以用来辅助绘制参考线。

▲清除参考线：清除绘制的参考线。

▶ **任务实施**

首先分析照片，如果照片中同时存在横向和纵向的透视，这里选用强大的"通过使用参考线"子工具进行校正。

（1）进入 ACR，单击变换工具，在右侧"变换"面板中选中"通过使用参考线"子工具。

（2）因为画面有明显的线条，在画面中沿画框拖动，绘制 4 条参考线，如果绘制得不够准确，可以拖动参考线两端的控点调整参考线的位置。

（3）如图 6-75 所示，画面的透视已经被校正，单击右下角的"确定"按钮，进入 Photoshop，裁剪掉边缘的穿帮区域即可。

图 6-75 通过使用参考线校正透视

6.13 调整画笔

【调整画笔】

任务描述

如图 6-76（a）所示为草原照片，天空和地面反差很大，图 6-76（b）所示为使用调整画笔工具修图之后的效果。本案例与 5.6 节案例用图一样，对照片的理解和分析也与前面相似，但是所使用的工具不同。

　　　　（a）

　　　　（b）

图 6-76 使用调整画笔工具修图

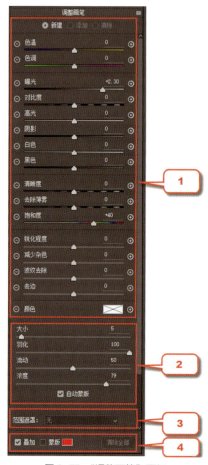

图 6-77 "调整画笔"面板

相关知识

调整画笔工具是一个相当强大的工具,可以对照片局部进行完美处理。单击 ACR 上方工具栏的调整画笔工具,界面右侧出现"调整画笔"面板,这个面板中包含的参数很多,我们将调整项分为如图 6-77 所示的 4 个部分。

1. 照片的各项参数调整

最上面的 3 个单选按钮"新建""添加""清除"是针对整个画笔调整。

▲新建:新建一个画笔,在画笔上单击,出现一个画笔图标,一个图标代表创建了一个调整画笔,出现几个图标,就代表创建了几个调整画笔。

▲添加:在照片上再增加一个调整画笔。

▲清除:相当于橡皮擦,擦除调整画笔蒙版,来编辑调整画笔的作用范围。

从"色温"到"颜色",这些参数都是针对画笔涂抹区域进行的各项调整,涂抹的区域即为选定区域(蒙版覆盖区域),调整这个参数来实现对选定区域的各种处理,比如亮度、对比度、清晰度等。

2. 画笔的调整项

▲大小:调整画笔的大小,便于更好地控制涂抹区域。

▲羽化:调整画笔的边缘区域与周围环境的过渡程度,也就是过渡是否自然。

▲流动:调整用画笔涂抹过程中一个单位时间内浓度。

▲浓度:调整画笔在涂抹过程中的颜色浓度。

▲自动蒙版:对一些不规则的边缘、明暗、颜色或差异比较大的内容进行涂抹时,勾选这个复选项,ACR 会自动识别画笔中心区域下方的颜色,并依此颜色找到准确的选区,但系统自动识别可能会出现细节的缺失,所以要细心涂抹和观察。如果希望完全由画笔控制作用范围,不需要对画笔覆盖区域的颜色进行判断,则不要勾选该复选项。

3. 范围遮罩

范围遮罩在新建一个画笔后即可使用,是用来修改蒙版(选区)的工具,也就是说它可以控制调整画笔的作用范围,如图 6-78 所示。

图 6-78 范围遮罩

▲无：范围遮罩不起作用。

▲颜色：用吸管在蒙版覆盖区域拾取颜色，只有与拾取颜色相近的颜色区域才会成为选区，超出颜色区域的涂抹区域不被建立在选区内。"色彩范围"的参数值越小，对颜色相似性要求越高；参数值越大，对相似性要求越低。

▲明亮度：用滑块控制明亮度范围，在两个滑块之间的亮度区域建立选区。

4. 辅助选项

▲叠加：控制调整画笔图标即笔尖的显示与隐藏。

▲蒙版：控制调整画笔作用区域的显示与隐藏。蒙版后面的颜色选择，控制蒙版显示的颜色，当蒙版颜色与图像颜色过于接近不易辨别时，可以修改蒙版颜色。

▲清除全部：清除全部画笔调整。

任务实施

将天空和地面分区域进行处理。

（1）进入 ACR，单击渐变滤镜工具，如图 6-79 所示，自上而下拖拽，添加一个渐变滤镜，调整右侧面板中的参数，主要目的是降低曝光度和增加饱和度。

图 6-79　渐变滤镜处理天空

（2）在选项栏中选中调整画笔工具，这时"调整画笔"面板上可能保留了上次局部调整的参数，需要在右侧面板右上角的弹出菜单中选择"重置局部校正设置"，如图 6-80 所示。

图 6-80　重置局部校正设置

(3)在"调整画笔"面板中，设置合适的画笔大小，如图 6-81 所示，这里画笔宜大不宜小；取消勾选"自动蒙版"复选项，勾选下方的"叠加"和"蒙版"复选项。在画面中骑马者行进路线上涂抹，不必均匀涂抹整个地面，地面曝光有变化才更自然。

图 6-81　使用调整画笔在画面中涂抹

(4)如图 6-82 所示，取消勾选"蒙版"复选项，调整上方的"曝光"和"饱和度"参数，改善地面的亮度。

图 6-82　改善地面的亮度

（5）如果感觉画笔的作用范围不理想，可以继续用调整画笔在画面中涂抹，涂抹时可以调整画笔的"流动"和"浓度"参数，以便产生柔和的过渡。需要注意，对于"浓度"参数来说，如果画笔在同一位置绘制，新的"浓度"参数与原始该位置的画笔浓度之间是替代关系，即新的浓度替代了以前的浓度，而不是叠加。"流动"参数可以依次累加。读者可以自行试验并体会。如果按住 Alt 键，可以临时将调整画笔变成消除，其中"流动"和"浓度"的含义与上述类似。

（6）此时感觉画面中的马匹和人物还是太暗，需要单独调整。选中"新建"单选按钮，新建一个调整画笔，并且重置局部校正设置。如图 6-83 所示，勾选"蒙版"复选项，在人和马的区域涂抹，在"范围遮罩"的下拉菜单中选择"明亮度"，调整相关的滑块，将蒙版限制在较暗的人和马身上。

图 6-83　限定新建调整画笔的蒙版区域在人和马身上

（7）取消勾选"蒙版"复选项，调整"曝光"和"阴影"的参数，提高人和马的曝光度，如图 6-84 所示。

图 6-84　提高人和马的曝光度

此时调整图6-83中的"平滑度"参数，可以让调整区域与周边区域衔接更自然，观察画面，酌情调整。

（8）当前编辑的画笔用红圈表示，未编辑的画笔是白色的，可以单击标志激活相应的画笔进一步修改，直至满意。

第 7 章 人像修图

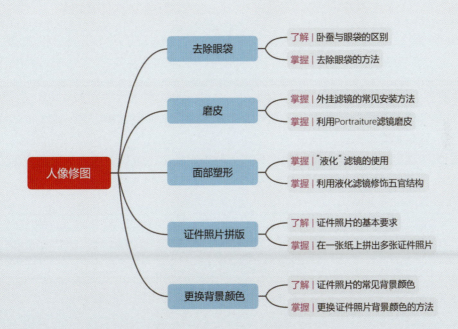

本章主要讲解日常工作中经常会遇到的人像修图，如去除眼袋、面部塑形、面部磨皮、证件照片换背景颜色等。

7.1 去除眼袋

【去除眼袋】

任务描述

随着年龄的增长，或者由于休息不好，通常眼袋会比较重，使人显得不够精神，如图 7-1（a）所示。本任务使用图层和仿制图章工具来去除眼袋，效果如图 7-1（b）所示。

(a)

(b)

图 7-1　去除眼袋前后对比

相关知识

卧蚕是紧邻睫毛下缘的一条带状隆起物，看起来像一条蚕宝宝横卧在下睫毛的边缘，笑起来才明显，让眼神变得可爱。

眼袋距离下睫毛较远，是大量脂肪堆积在人的下眼睑皮下组织中久而久之形成的一个半圆形的袋状物，主要是由于脂肪凸出所致。

卧蚕与眼袋的位置如图 7-2 所示。

图 7-2　卧蚕与眼袋的位置

任务实施

（1）新建一个空白图层，所有操作都在此图层上进行，不破坏原始图像。

（2）选中仿制图章工具，在选项栏中将"不透明度"设置为 20%，在右侧的"样本"下拉列表中选中"当前和下方图层"。在画面中单击鼠标右键，将画笔大小设置为与眼袋的高度相仿，这里设置为 35 像素，并将"硬度"设置为 0%，目的是使图像过渡更加柔和，隐藏修饰的痕迹。

（3）按住 Alt 键，在眼袋下方肤色较浅的位置单击，对仿制图章工具进行取样，然后在眼袋上沿着皮肤的纹理方向进行涂抹（注意当前是在空白图层上），每涂抹一次，眼袋就减轻一些，直至去除眼袋，如图 7-3 所示。

图 7-3　调节图层不透明度控制修饰的程度

7.2　磨皮

【磨皮】

任务描述

本节的任务是修复如图 7-4（a）所示人物面部皮肤的瑕疵，使皮肤变得更加细腻，效果如图 7-4（b）所示。

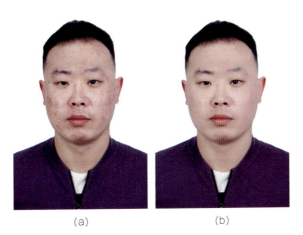

(a)　　　　　　　　(b)

图 7-4　面部磨皮前后对比

161

相关知识

1. 磨皮

磨皮是人像修图中的一个专业术语，简单来说，就是借助软件消除人物皮肤的瑕疵（如雀斑、青春痘、皱纹等）的摄影后期处理技法。磨皮能有效地改善皮肤的不完美，从而使人物皮肤变得更加细腻。

2. 外挂滤镜

滤镜是 Photoshop 中神奇的魔法师，它简单易用，功能强大。滤镜可以分为内置滤镜和外挂滤镜。内置滤镜是安装 Photoshop 时自带的滤镜；外挂滤镜是第三方厂商专为 Photoshop 生产的滤镜，其种类齐全、品种繁多而且功能强大，深受设计师的青睐。

外挂滤镜常见的安装方法有两种：一种是运行安装程序安装；另一种是只要将滤镜复制到 Photoshop 的 Plug-Ins 目录下就可以使用了。

3. Portraiture 滤镜

使用 Photoshop 磨皮，对操作人员的软件熟练程度要求很高，而且费时费力。Imagenomic 公司开发的人像磨皮滤镜 Portraiture，它不但可以根据颜色智能地选择皮肤区域，针对皮肤进行美化，而不会破坏眉毛、头发、眼睛等细节的锐度，还可以控制皮肤美化的程度，适当保留应该有的细节。在使用该滤镜前，需要先安装该滤镜。

任务实施

图 7-5 初步修复效果

在 Photoshop 中打开图像。

（1）使用工具箱中的修复画笔工具，通过点击和涂抹的方式去掉人物脸上的斑点或痘，修复人物脸上与肤色明显不一致的部分，如果是本人标志性的痣，则不能去除。初步修复效果如图 7-5 所示。

（2）执行【滤镜 | Imagenomic | Portraiture】菜单命令，打开 Portraiture 滤镜窗口，如图 7-6 所示，这时滤镜已经对照片做了自动磨皮，显示在中间预览区域。在预览区域单击，可以查看磨皮前的效果。

（3）也可以通过调整参数来控制磨皮。先定义磨皮区域，在左侧"皮肤色调蒙版"区域选中吸管工具，在皮肤较暗区域单击，此时，吸管工具变为"吸管+"，在皮肤较亮区域单击，然后单击"吸管+"，鼠标指针恢复为手形。这样，就选中了肤色区域，在右侧的"蒙版预览"中可以看到被磨皮的区域。

（4）在左上角的"细节平滑"区域调节各项参数，可以控制磨皮的程度。"精细""中等"和"大"控制不同细节的纹理，如果需要保留，调小参数值；如果需要平滑，调大参数值。"阈值"控制肤色反差的平滑，参数值大的时候，会平滑掉肤色的不一致。应根据需要进行调整，一般来说，男性比女性需要保留更多的纹理。

（5）在左下角的增强区域，"锐度"可以强化皮肤的纹理；"柔和度"可以使皮肤更加柔和；"温和"与"色调"可以调整肤色；"亮度"可以调整皮肤的亮度；"对比度"用来控制皮肤的明暗反差。

(6) 单击右上角的"确定"按钮,磨皮完毕,效果如图 7-4(b)所示。

图 7-6 Portraiture 磨皮滤镜

(7) 本例也可以在 RGB 这 3 个通道中分别进行磨皮,也能取得不错的效果。

7.3 面部塑形

【面部塑形】

任务描述

对人物脸形的修饰,在一定程度上可以弥补其细部结构的缺陷。本任务要求在人物五官结构不失真的前提下,使其更加完美、精致、有气质。

相关知识

"人脸识别液化"是 Photoshop 新增的一个重要功能,软件可以智能识别人物眼睛、鼻子、嘴巴及其他脸部特征,根据用户的需求对各部分进行相应的修改,例如将眼睛变大、瘦脸、隆鼻等,甚至还可以调出微笑的表情,非常方便。

任务实施

在 Photoshop 中打开人像照片。

（1）执行【滤镜|液化】菜单命令，打开"液化"窗口。

（2）如图 7-6 所示，在左侧工具箱中选中脸部工具，照片会自动识别出人脸，窗口右侧会出现"人脸识别液化"面板，并显示"眼睛""鼻子""嘴唇""脸部形状"各调整项，可以通过改变各项参数，美化人物面部结构。

（3）当鼠标指针在人物面部区域滑过时，可以看到与当前鼠标指针下方的五官相应的控制点，这时也可以通过拖动控制点灵活地调整参数。

（4）调整满意后，单击"确定"按钮，面部塑形完毕，如图 7-7 所示。

图 7-7 调整"人脸识别液化"面板各项参数

 拓展

虽然利用软件进行面部塑形很方便，但也要注意：

如果作为证件照片使用，对于五官只可微调，通常控制在 10% 的幅度以内。否则会影响对本人的识别；如果作为其他用途，则没有这个限制。

使用"液化"滤镜中的其他液化工具，也可以实现类似的效果，而且改变幅度可以更大，读者可以自行尝试。

7.4 证件照片拼版

 任务描述

【证件照片拼版】

现在很多办公室都有彩色打印机，如果学会了证件照片拼版，就可以自己打印证件照片，方便使用。本任务讲解如何将 2 寸证件照片拼版，并用 A4 照片打印纸打印输出。

相关知识

证件照片即各种证件上用来证明身份的照片。证件照片要求是免冠（不戴帽子）正面照片，照片上正常应该看到人的两耳轮廓和相当于男士的喉结处的地方，背景多为红色、蓝色、白色 3 种。不同用途的证件照片尺寸要求也不同，多为 1 寸或 2 寸。

任务实施

这里以最常用的 2 寸毕业证照片为例拼版，照片尺寸宽为 33 毫米、高为 48 毫米。关于证件照片的裁剪参照 1.3 节。

（1）执行【文件 | 新建】菜单命令，在文档类型中，选择"打印"预设中的 A4 纸张，参数设置如图 7-8 所示，单击"创建"按钮。

图 7-8　新建 A4 纸张

（2）使用移动工具将证件照片拖动到 A4 纸的左上方，因为纸张宽度为 210 毫米，单张照片宽度为 33 毫米，为了便于裁剪，每行放 5 张。按 4 次快捷键 Ctrl+J，复制出 4 张照片。现在总共 5 张照片，但都重叠在一起，所以只能看到一张。

（3）水平拖动一张照片到右上角，在"图层"面板中同时选中 5 张照片，单击选项栏中的"水平居中分布"按钮，让照片均匀排列，如图 7-9 所示。

（4）同时选中 5 张照片，按快捷键 Ctrl+E 合并图层。

（5）如果需要多行照片，可以用类似的方法复制多层，将其中一层拖到页面底部，单击"垂直居中分布"按钮，如图 7-10 所示。

（6）同时选中所有图层，按快捷键 Ctrl+E，合并图层，就可以打印输出了。

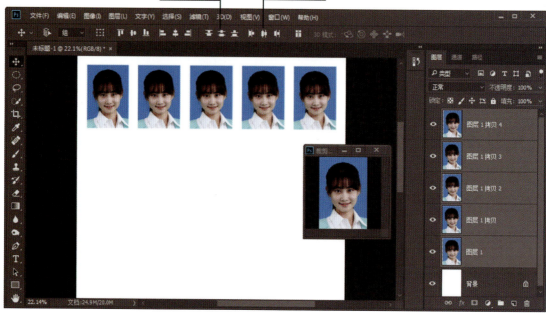

图 7-9 让照片均匀排列

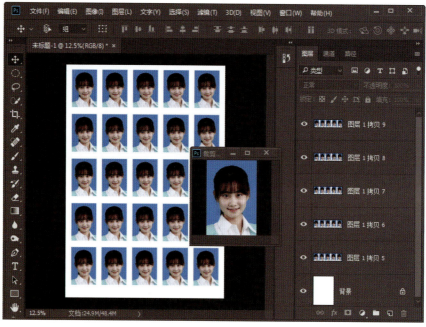

图 7-10 排列整版照片

7.5 更换背景颜色

任务描述

【更换背景色】

人们需要的证件照片类型很多，表现在背景上有白色、蓝色和红色等，有时手头上的照片背景颜色不符合规定。本任务要求将证件照片的蓝色背景换为红色背景，如图7-11所示，并且裁剪为小2寸照片，保存为JPG格式，文件大小不超过20KB。

图7-11 将证件照片的蓝色背景换为红色背景

相关知识

常见的证件照片背景色有以下3种。

▲白色背景：用于护照、签证、驾驶证、身份证、医保卡、港澳通行证等。

▲蓝色背景：用于毕业证、工作证、简历等（蓝色参数值为R：0；G：191；B：243）。

▲红色背景：用于保险、IC卡、结婚照等（红色参数值为R：255；G：0；B：0）。

常用的小2寸照片大小为33毫米×48毫米，在设置打印分辨率为300像素/英寸的情况下，对应的像素为390像素×567像素。

任务实施

基本思路是将头像从原照片中抠图出来，再建一个红色的背景层，最后合并图层。

（1）打开蓝色背景的照片，单击"图层"面板下方的"新建"按钮，新建一个空白图层。

（2）在工具栏中，双击前景色图标，设置前景色为红色。

（3）选中新建的空白图层，按快捷键Alt+Delete，填充前景色为红色。

（4）单击证件照片图层的解锁按钮，将图层解锁，将该图层拖动到红色图层上方，如图7-12所示。

图7-12 将证件照片图层置于红色图层的上方

（5）因为证件照片背景颜色比较单纯，可以先选中证件照片的蓝色背景。在工具箱中选中魔棒工具，单击背景，如果未能将背景全部选中，按住 Shift 键在未选中处继续单击，直至蓝色背景全部被选中。

（6）执行【选择|反选】菜单命令，或者使用快捷键 Ctrl+Shift+I 将头像选中。

（7）虽然头像已被选中，但是这时边缘并不干净，需要处理。在选项栏中单击"选择并遮住"按钮。

（8）在右侧"视图模式"中选择图层模式，这时预览窗口显示就是抠图后的结果，已经显示出了下一层的红色。这时可以看出边缘并不干净，如图 7-13 所示。

图7-13 在"视图模式"中选中图层模式

(9) 在"边缘检测"中，调整为 5 像素，这时脸和衣服边缘的蓝色已去除，但是头发边缘的蓝色还没有去除。

(10) 在左侧工具栏中选中调整边缘画笔工具，在还有蓝色的头发边缘涂抹，这时边缘的蓝色背景被去除。

(11) 头发边缘还残留原来背景反射到头发上的蓝色，如图 7-14 所示。在"属性"面板右下方的"输出设置"中勾选"净化颜色"复选项，头发边缘反射的蓝色被去除。在"输出到"选项中选择"新建图层"，单击"确定"按钮。

图 7-14　修整抠图边缘

(12) 抠图完成之后的效果如图 7-15 所示。

图 7-15　抠图完成后的效果

（13）删除原照片图层，然后将抠图图层与红色背景图层合并，更换背景的操作完成。

（14）选中裁剪工具，按图 7-16 所示的参数裁剪照片，裁剪后的图像为 390 像素 × 567 像素。

图 7-16　按照要求裁剪图像

（15）如果按照常规保存方式，即使将图像品质设置为最低，文件大小仍会超过 20KB，这是因为照片有很多拍摄时的原始参数。如果想尽可能缩小文件大小，执行【文件｜导出｜导出为】菜单命令，如图 7-17 所示，在"文件设置"面板中，将"元数据"设置为"无"，选择存储格式为 JPG，此时的文件大小可以在窗口左侧看到；调整右上角文件压缩品质，直至可以将文件大小控制在 20KB 以下，单击"全部导出"按钮，就可以保存符合要求的照片文件了。

图 7-17　导出照片

附录：Photoshop 中常用的快捷键

工具栏操作

工具栏操作工具名称	快捷键
矩形、椭圆选框工具	【M】
裁剪工具	【C】
移动工具	【V】
套索、多边形套索、磁性套索工具	【L】
魔棒工具	【W】
喷枪工具	【J】
画笔、铅笔工具	【B】
画笔变小	【[】
画笔变大	【]】
画笔变软	【Shift】+【[】
画笔变硬	【Shift】+【]】
改变画笔样式	【<】【>】
画笔画直线	【Shift】+鼠标单击
橡皮图章工具	【S】
历史记录画笔工具	【Y】
橡皮擦工具	【E】
模糊、锐化、涂抹工具	【R】
减淡、加深、海绵工具	【O】
钢笔、自由钢笔、磁性钢笔	【P】
直接选取工具	【A】
文字、文字蒙版、直排文字、直排文字蒙版	【T】
度量工具	【U】
直线渐变、径向渐变、对称渐变、角度渐变、菱形渐变	【G】
油漆桶工具	【K】
吸管、颜色取样器	【I】
抓手工具	【H】

续表

工具栏操作工具名称	快捷键
缩放工具	【Z】
默认前景色和背景色	【D】
切换前景色和背景色	【X】
切换标准模式和快速蒙版模式	【Q】
标准屏幕模式、带有菜单栏的全屏模式、全屏模式	【F】
临时使用移动工具	【Ctrl】
临时使用吸色工具	【Alt】
临时使用抓手工具	【空格】
打开工具选项面板	【Enter】
快速输入工具选项（当前工具选项面板中至少有一个可调节数字）	【0】至【9】
多个工具共用一个快捷键时循环选择工具	【Shift】+相应键

文件操作

文件操作名称	快捷键
新建图形文件	【Ctrl】+【N】
用默认设置创建新文件	【Ctrl】+【Alt】+【N】
打开已有的图像	【Ctrl】+【O】
打开为……	【Ctrl】+【Alt】+【O】
关闭当前图像	【Ctrl】+【W】
关闭所有图像	【Ctrl】+【Alt】+【W】
保存当前图像	【Ctrl】+【S】
另存为……	【Ctrl】+【Shift】+【S】
存储副本	【Ctrl】+【Alt】+【S】
导出为……	【Ctrl】+【Alt】+【Shift】+【W】
页面设置	【Ctrl】+【Shift】+【P】
打印	【Ctrl】+【P】
打开"首选项"对话框	【Ctrl】+【K】
显示最后一次显示的"首选项"对话框	【Alt】+【Ctrl】+【K】
恢复为初始状态	【F12】
退出 Photoshop	【Ctrl】+【Q】
帮助	【F1】

编辑操作

编辑操作名称	快捷键
还原／重做前一步操作	【Ctrl】+【Z】
还原两步以上操作	【Ctrl】+【Alt】+【Z】
重做两步以上操作	【Ctrl】+【Shift】+【Z】
剪切选取的图像或路径	【Ctrl】+【X】或【F2】
复制选取的图像或路径	【Ctrl】+【C】或【F3】
合并复制	【Ctrl】+【Shift】+【C】
将剪贴板的内容粘贴到当前图形中	【Ctrl】+【V】或【F4】
将剪贴板的内容粘贴到选框中	【Ctrl】+【Shift】+【V】
自由变换	【Ctrl】+【T】
应用自由变换（在自由变换模式下）	【Enter】
从中心或对称点开始变换（在自由变换模式下）	【Alt】
限制（在自由变换模式下）	【Shift】
扭曲（在自由变换模式下）	【Ctrl】
取消变形（在自由变换模式下）	【Esc】
自由变换复制的像素数据	【Ctrl】+【Shift】+【T】
再次变换复制的像素数据并建立一个副本	【Ctrl】+【Shift】+【Alt】+【T】
删除选框中的图案或选取的路径	【Del】
用背景色填充所选区域或整个图层	【Ctrl】+【BackSpace】或【Ctrl】+【Del】
用前景色填充所选区域或整个图层	【Alt】+【BackSpace】或【Alt】+【Del】
弹出"填充"对话框	【Shift】+【BackSpace】或【Shift】+【F5】
从历史记录中填充	【Alt】+【Ctrl】+【BackSpace】

图像调整

图像调整操作名称	快捷键
调整色阶	【Ctrl】+【L】
自动调整色阶	【Ctrl】+【Shift】+【L】
打开曲线调整对话框	【Ctrl】+【M】
打开"色彩平衡"对话框	【Ctrl】+【B】
打开"色相／饱和度"对话框	【Ctrl】+【U】
去色	【Ctrl】+【Shift】+【U】
反相	【Ctrl】+【I】

图层操作

图层操作名称	快捷键
从对话框新建一个图层	【Ctrl】+【Shift】+【N】
以默认选项建立一个新的图层	【Ctrl】+【Alt】+【Shift】+【N】
通过复制建立一个图层	【Ctrl】+【J】
通过剪切建立一个图层	【Ctrl】+【Shift】+【J】
与前一图层编组	【Ctrl】+【G】
取消编组	【Ctrl】+【Shift】+【G】
向下合并或合并连接图层	【Ctrl】+【E】
合并可见图层	【Ctrl】+【Shift】+【E】
盖印可见图层	【Ctrl】+【Alt】+【Shift】+【E】
将当前层下移一层	【Ctrl】+【[】
将当前层上移一层	【Ctrl】+【]】
将当前层移到最下面	【Ctrl】+【Shift】+【[】
将当前层移到最上面	【Ctrl】+【Shift】+【]】
激活下一个图层	【Alt】+【[】
激活上一个图层	【Alt】+【]】
激活底部图层	【Shift】+【Alt】+【[】
激活顶部图层	【Shift】+【Alt】+【]】
调整当前图层的不透明度（当前工具为无数字参数值的，如移动工具）	【0】至【9】
保留当前图层的透明区域（开关）	【/】

选择操作

选择操作名称	快捷键
全部选取	【Ctrl】+【A】
取消选择	【Ctrl】+【D】
重新选择	【Ctrl】+【Shift】+【D】
羽化选区	【Shift】+【F6】
反向选择	【Ctrl】+【Shift】+【I】或【Shift】+【F7】
路径变选区数字键盘的	【Enter】
载入选区	【Ctrl】+点按图层、路径、通道面板中的缩览图
隐藏选区	【Ctrl】+【H】

滤镜操作

滤镜操作名称	快捷键
按上次的参数再做一次上次的滤镜	【Ctrl】+【F】
删除上次所做滤镜的效果	【Ctrl】+【Shift】+【F】
重复上次所做的滤镜(可调参数)	【Ctrl】+【Alt】+【F】
Camera Raw 滤镜	【Ctrl】+【Shift】+【A】
"液化"滤镜	【Ctrl】+【Shift】+【X】
消失点	【Ctrl】+【Alt】+【V】

视图操作

视图操作名称	快捷键
以 CMYK 方式预览(开关)	【Ctrl】+【Y】
打开/关闭色域警告	【Ctrl】+【Shift】+【Y】
放大视图	【Ctrl】+【+】
缩小视图	【Ctrl】+【-】
满画布显示	【Ctrl】+【0】
实际像素显示	【Ctrl】+【Alt】+【0】
向上卷动一屏	【PageUp】
向下卷动一屏	【PageDown】
向左卷动一屏	【Ctrl】+【PageUp】
向右卷动一屏	【Ctrl】+【PageDown】
向上卷动 10 个单位	【Shift】+【PageUp】
向下卷动 10 个单位	【Shift】+【PageDown】
向左卷动 10 个单位	【Shift】+【Ctrl】+【PageUp】
向右卷动 10 个单位	【Shift】+【Ctrl】+【PageDown】
将视图移到左上角	【Home】
将视图移到右下角	【End】
显示/隐藏选择区域	【Ctrl】+【H】
显示/隐藏路径	【Ctrl】+【Shift】+【H】
显示/隐藏标尺	【Ctrl】+【R】
显示/隐藏参考线	【Ctrl】+【;】

视图操作名称	快捷键
显示/隐藏网格	【Ctrl】+【"】
贴紧参考线	【Ctrl】+【Shift】+【;】
锁定参考线	【Ctrl】+【Alt】+【;】
贴紧网格	【Ctrl】+【Shift】+【"】
显示/隐藏"画笔"面板	【F5】
显示/隐藏"颜色"面板	【F6】
显示/隐藏"图层"面板	【F7】
显示/隐藏"信息"面板	【F8】
显示/隐藏"动作"面板	【F9】
显示/隐藏所有命令面板	【Tab】
显示或隐藏工具箱以外的所有面板	【Shift】+【Tab】
在各个图像窗口之间轮流切换	【Ctrl】+【Tab】

文字处理(在"文字工具"对话框中)

文字处理操作名称	快捷键
段落文字左对齐或顶对齐(竖排文字)	【Ctrl】+【Shift】+【L】
段落文字中对齐	【Ctrl】+【Shift】+【C】
段落文字右对齐或底对齐(竖排文字)	【Ctrl】+【Shift】+【R】
左/右选择1个字符	【Shift】+【←】/【→】
下/上选择1行	【Shift】+【↑】/【↓】
选择所有字符	【Ctrl】+【A】
选择从插入点到鼠标点按点的字符	【Shift】加点按
左/右移动1个字符	【←】/【→】
下/上移动1行	【↑】/【↓】
左/右移动1个字	【Ctrl】+【←】/【→】
将所选文本的文字大小减小1点	【Ctrl】+【Shift】+【<】
将所选文本的文字大小增大1点	【Ctrl】+【Shift】+【>】
将所选文本的文字大小减小5点	【Ctrl】+【Alt】+【Shift】+【<】
将所选文本的文字增大5点	【Ctrl】+【Alt】+【Shift】+【>】
将行距减小1点	【Alt】+【↓】
将行距增大1点	【Alt】+【↑】

续表

文字处理操作名称	快捷键
将基线位移减小 1 点	【Shift】+【Alt】+【↓】
将基线位移增大 1 点	【Shift】+【Alt】+【↑】
将字距微调或字距调整减小 20/1000ems	【Alt】+【←】
将字距微调或字距调整增大 20/1000ems	【Alt】+【→】
字距微调或字距调整减小 100/1000ems	【Ctrl】+【Alt】+【←】
将字距微调或字距调整增大 100/1000ems	【Ctrl】+【Alt】+【→】

参 考 文 献

凯尔比，2020. Photoshop Lightroom Classic CC 摄影师专业技法 [M]. 牟海晶，译 . 北京：人民邮电出版社 .

马古利斯，2017. Photoshop Lab 修色圣典 [M]. 2 版 . 刘毅斌，译 . 北京：人民邮电出版社 .

汪端，2018. 老邮差 Photoshop 数码照片处理技法：色彩篇 [M]. 2 版 . 北京：人民邮电出版社 .